新・UFO入門

人は、なぜUFOを見なくなったのか

唐沢俊

JN275758

GS 幻冬舎新書 036

ＵＦＯを見る能力――まえがきにかえて

「唐沢さん、宇宙人はもう地球に来ているんですよ」

こう、話しかけられたことがある。その相手が、ちょっとイっているようなタイプのビリーバー（宇宙人とか超能力とかを信じてしまっている人々）だったら、まあ、いつものことなのだ。商売柄、そういう人たちとの接触は多い。しかし、そう真顔で私に言ってきた人というのが、東大出の、元・某テレビ局プロデューサーであった、という事実が私を驚かしたのだ。今から15年ほど前の話である。

「その、決定的証拠となるビデオをさる人物が手に入れているんです」

という話に、15年前の私はちょっと興奮した。私たちの世代というのは、子供心への刷り込みで、〝いつか、その瞬間が来る〟という期待感を、常に心のどこかに持っているのである。知人のマンガ家の杉作Ｊ太郎という男は、ある日新宿で、高層ビルの上を覆う、円盤の大群を見て、やはり、

「ついにこの日が来たか！」

と心の中でつぶやいたそうだ。一瞬後にはその円盤群が、曇り空に向けて照射されたサーチライトであることに気づいて、半ばホッとし、半ば落胆したそうだが、その気持ちは嫌というほど理解できる。子供の頃から、われわれは少年誌で、科学雑誌で、テレビで、映画で、いつか、きっと、地球人が宇宙の住人たちと初対面する、その時を体験する、と信じ込まされていたのである。

それはともかく、私の興奮も、杉作氏の場合と同じく、一瞬後には醒めた。そのビデオを手に入れた人物というのが、政府高官でも、NASAの関係者でもない、ただのミュージシャンである、と聞いたからである。オカルトかぶれのミュージシャンは多い。そういう人にそもそも、そういう貴重なビデオ（それが本物だとして）が渡るわけがない、と私の理性が告げていた。実際、あとでそのビデオなるものも見せてもらったが、アメリカのUFOミュージアムなどで売っている、エリア51（ネバダ州の空軍施設。墜落したUFOとその搭乗員が収容されていると言われており、上空にUFOがよく出現するらしい）のUFOビデオの粗悪なダビング品でしかなかった。

……しかし、と私は、むしろそのビデオより、それを私に話してきかせた人物の方が気になった。どう考えても、この60歳を越した、上品な顔立ちの人物の口から〝UFO〟とか〝宇宙人〟という言葉が飛び出してくることに違和感がぬぐえなかった。現役のテレビマンであった頃に、彼は当時（1960年代）の〝空飛ぶ円盤〟ブームに乗って、円盤を局の屋上で呼び出す、などという番組を作っていたという。ああいうブームの裏側というものも知り尽くしているはずだ。

そんな彼が、真面目な顔で、宇宙人はすでに地球に来ている、と語るのである。彼をして、そう語らせるだけの重みが、この話にはあるのだろうか？　と、普通なら思うところである。

実際には、私に声をかけてきた頃の彼は、テレビプロデューサー時代の知人や、大学の同期卒業生の名簿だけを頼りに、あやしげなビジネスの話をあちらからこちらにと持って回り、紹介料などを貰っては生活している、一種うらぶれた身の上であった。昼飯代をたかられたことも数回ある。当時の私は伯父の後を引き継いで芸能プロダクションをやっていたので、こういう人種には何人も面識があった。こういう連中を業界用語で〝ゴロ〟と言う。ただ、彼は業界ゴロとしては極めて上品かつ教養を持ったタイプであり、それだけに、自分の今の境遇と立場に、ある種のコンプレックスを持っていたに違いない。

そういう人が、宇宙人ばなしにハマる。その後もいろいろとUFOだのオカルトだのにハマった人々とのつきあいを通じ、私は、

「現実世界へのUFOの関与」

という事実に、ちょっと関心をもつようになった。ちょうど、その頃、「と学会」（ご存知とは思うがUFO、オカルトをはじめとする内容の本にツッコミを入れながら読んで楽しむ会である）の創設にも関わって、UFOばなしのウソ、インチキをあばく行為にも喝采を送りながら、その一方で、例えば早稲田大学の大槻義彦氏のように、UFOが宇宙人の乗り物だというような非科学的な話を信じるのは科学的な知識や思考力が足りないからだ、と言い切る人々の言動にも、どこかに反発を感じていた。実際は、科学の分野で博士号を取るような人であっても簡単にUFOを信じてしまうし、オカルトにもすぐハマってしまうものである。

「人間の心のどこかには、〝現実〟からの緊急脱出装置《エマージエンシー・システム》として、超常現象世界にハマる、何か仕掛けがあるのではないか？」

と考えるようになったのは、つい最近のことだ。人類は、科学的知識や観察力、論理的理解力の欠損でUFOを見るのではない。そもそも、UFO（のようなもの）を空に見る

ように、作られているのではないか。われわれは〝UFOを見る能力〟を持っている、と考えてはいけないだろうか。そして、そういう遺伝子がDNAの中に含まれているのなら、それはわれわれ人間にとり、何かのときに必要な能力なのではないか。

現実と自我との桎梏《しっこく》で破滅していく人間は、ヘッセの『車輪の下』に描かれている如く、歴史上枚挙にいとまがない。そこからの逃避システム（それは自我＝《イコール》自分を守るために必要な行為だ）として、文学や音楽、美術といった芸術世界がある。そういうものに並び、UFOなどの超常現象も、同じものとして機能しているのではないか。そう言えば、横尾忠則氏をはじめとして、アーティストにはUFO信者が多いではないか。私に真面目な顔で宇宙人ばなしを語ったあのゴロ氏も、きっと、それで現実とのバランスをとっていたのではないか。そう思ってしまった。

最近、とんとTVなどでUFOの話を聞かなくなった。もうUFOはお茶の間にアピールする存在ではなくなってしまったらしい。世の中はUFOを必要としない人が多数派になったようだ。しかし一方で、ああ、こんなオカルトが流行《はや》るなら、まだUFOの方がよかった、と思うことも多い。もちろん、UFOカルトと呼ばれる危険思想に関しては注意が必要だが、それだけのために、あんなに子供時代からずっとわれわれを楽しませ続けてくれたUFOをなくしてしまっていいわけがない。

なぜ、われわれはあんなにUFOに熱中したのか。そして、なぜ、あんなに好きだったUFOを捨ててしまったのか。

この本は、UFOをそういう視点から眺め直し、再入門してみよう、という、そんな試みで書いた本である。

新・UFO入門／目次

UFOを見る能力——まえがきにかえて 3

第1章 はじめにカン違いありき 17
タモリが指摘したUFOの「変な所」 18
なぜこの人がUFOを見たのか 21
最初の目撃者ケネス・アーノルド 22
円盤形は間違い? 25
実は飛んでいなかったUFO 28
奇妙な体験の連続「モーリー島事件」 31
デッチあげがいつのまにか真実に 34

第2章 ノイズとしてのUFO情報 37
ウサンくさい事件は信じない? 38
UFO業界の人気者「MIB」 39
セックスに興味を持つ宇宙人 41
純真すぎる日本人のUFO研究家 44

アヤシゲな情報にこそ真実がある？ 48

第3章 アダムスキーの信じ方 51

正当な理屈は通らない 52
UFOの形の生みの親、ジョージ・アダムスキー 54
世界で最も有名なUFO事件 55
「太陽は熱くない」 57
オカルト好きに支持されるアダムスキー思想 60
アダムスキーを正当化したがる人々 65
宇宙人に会ったかどうかは問題ではない 67
科学的根拠も必要ない 71

第4章 日本UFO史の暗黒面 73

日本のUFO研究とアダムスキーの関係 74
星新一もいた「日本空飛ぶ円盤研究会」 75
救いやはけ口だったUFO 78

日本UFO史の暗部「CBA」の誕生 80
科学派VSコンタクト派 82
日本UFO史のトリック・スター松村雄亮 84
UFOカルトはオウム真理教と同じ? 87
「と学会」と共に糾弾された人物とは? 88

第5章 UFO群、ピラミッドに舞う! 93
宇宙人が伝えたいこと 94
みんなUFOに熱狂した昭和30年代 96
三島由紀夫も参加した「空飛ぶ円盤観測会」 98
宇宙人は地球に来ている? 102
まず疑わずに信ぜよ 104
「地球救済」を宇宙人から任命された人物とは? 107
地球が横倒しになる? 109
カルト化したCBA 111
「実際に宇宙人に出会った」 115
面白UFO講演で信者を獲得 116

北海道に建設された巨大なUFO神殿 119
宇宙人の襲来を信じてピラミッドを建築 122

第6章 影響を受けた者たち
——三島由紀夫と山川惣治 127
UFO学の鬼っ子 128
三島由紀夫もUFO小説を書いていた！ 131
『少年ケニヤ』の原作者もUFOを目撃した 133
UFOから生まれた漫画『太陽の子サンナイン』 136

第7章 ラテンのノリの宇宙人たち 141
2番目に起きた1番有名な「ロズウェル事件」 142
忘れられた3番目のUFO目撃事件 145
ブラジルとUFOの意外な関係 147
民家を焼き尽くしたUFO 150
世界で最も誘拐されやすいのはブラジル人 152

宇宙人とセックス⁉　アントニオ青年事件　158

第8章　UFOは胸の中に飛ぶ　161

私がUFOにハマった理由　162
UFOを信じる人間は知能指数が高い　164
爆笑のUFO遭遇エピソード　167
バカな話は排除した高梨純一　172
UFOの真実はラッキョウの皮と同じ？　174
UFOの真実は、UFOにはない　178

第9章　人はUFOを見る動物である　181

UFO議論は過去のものなのか？　182
UFOを信じる人が7割もいるイギリス　183
宇宙人の死体を回収したブラジル　184
UFOの最重要問題とは　187
なぜUFOを見る人と見ない人がいるのか　189

UFOとは語り継がれるもの 191
助手席に乗ってきた宇宙人 196

第10章 UFOが見られない時代 199

麻生太郎に「UFOを見たことがあるか」と尋ねた参議院議員 200
現代の日本にUFOは必要ない? 205

あとがき 209

第1章 はじめにカン違いありき

タモリが指摘したUFOの「変な所」

タモリが、1980年代に、こんなネタをやっていたのをご記憶だろうか。確か小松政夫と一緒だったが。

- タモリ、得意のデタラメ英語で、空を指さしながら、何かをわめいている。
- 小松政夫が、それに一瞬遅れてかぶせるように、日本語の〝吹替え〟をする。

「オレは見たんだ、あそこの空に、銀色に光ったUFOが浮かんでいたんだ！　確かに見たんだ、この目でな！　ウソなもんか！　オレははっきりと見たんだから！　信じてくれよ、オレは見たんだよ！」

- タモリ、ナレーター役に切り替わって重々しく、

「……1987年、アリゾナ州セドナでガソリンスタンドを経営しているピーター・ブラウンはこう証言した……果たして、彼の見た物体は、本当のUFOだったのだろうか……」

……言うまでもないが、このネタは、彼らがやっていた当時、テレビで定番だった、矢追純一のUFO特番でおなじみのシーンの再現である（吹替えの日本語訳が原語に〝かぶる〟のがこういうUFO番組の定番の演出だった）。彼らのこの〝マネ〟がパロディになり得ていたのは、矢追純一の番組が、お茶の間で人気でありながらも、

「何か、いつ見ても同じ」

というイメージを視聴者に抱かせていたからだろう。番組が第2弾、第3弾、第4弾……と続いていっても、UFOの謎の真相にはまったく迫ろうとせずに、いつまでたっても同じ、アリゾナだのブラジルだのの目撃者の映像だけを見せ続け、ときおり〝今夜、ついに宇宙人実在の最終的証拠が！〟というようなアオリ文句につられてチャンネルを合わせても、それらの証拠が本当に宇宙人の存在を証明するものなのかどうかは、ついにあきらかにされぬまま、いつの間にか忘れ去られる、というのがお定まりのパターンだった。それだから、声がかぶさる、とか、証言者がなぜかアメリカの田舎町のガソリンスタンドの人間である、などという、細かい部分のクスグリが視聴者にも通じたのである。

芸人としてのタモリは、単なる形態模写ではなく、パロディ対象の型を徹底して模倣することで、ついにその対象の本質にまで迫る、という、いわゆる〝批評芸〟を確立させた

ことで、筒井康隆や山下洋輔といった目利きのファンの支持を獲得した。その、〝型〟から本質をつく目は、ここでも発揮されている。それは、UFOの目撃者の証言の多くに見られる、

「〝(誰が何と言おうと)自分はこの〝目〟で見た」

という強調にある。そこでは、第三者の証言とのつきあわせや、調査による実証などということは問題にされていない。

「自分の」

目で見た、ということがなにより大事であり、UFOの実在という大きな問題よりも、

「自分の見たものを、世間が信じてくれるかどうか」

という、〝自己の問題〟に帰して語ってしまっている。

タモリはそこまで意識していなかったにせよ、このパロディにこそ、UFO問題の本質が現れているのではないか。……いや、というよりも、1950年代から今まで、あれだけ世間を騒がせながら、ついに、問題の真相にはたどりつけないままに、ブームが終焉してしまった感のある、UFO問題の未解決性の本質が現れているのではないか。

なぜこの人がUFOを見たのか

ＵＦＯの存在がもし証明されたとしたら、それは、われわれ人類がそれまで築きあげてきた宇宙や科学（さらには宗教や人間関係や、その他多くのことどもの）の概念を根本からくつがえす大事件であり、世界的な問題なのだ、と、われわれは思い込んできた。実際にＵＦＯを目撃し、それに乗り込み、宇宙人と会って会話をしたという人々も、常に、その問題が全地球的なことだと言い募った。例を挙げれば、かのジョージ・アダムスキー（55ページ参照）が伝えた金星人オーソンからのメッセージは、地球人全員に向けての、宇宙連合からの、核兵器開発の危険についての忠告だった。あまりに急激な核兵器の開発は、地球と宇宙のバランスを崩す大きな問題だと、金星人はのたまったのである。

ＵＦＯを語るということは、その、一個人としての体験を通じて、世界を、宇宙を語ることだ、と世界は認識していた。それだからこそ、そこに大きなロマンを夢見て、ＵＦＯに取り組んできた人々が後を断たなかった。確かにＵＦＯ研究はそのような雄大なスケールのものだったかもしれない。

しかし、ＵＦＯ〝目撃〟は、世界的、社会的、人類的な問題などでは実はなかった。それは、ただひたすらに、〝ＵＦＯを見てしまった〟個人の、極めて〝個人的な〟問題だった。アダムスキーは、宇宙人からそのような注意を受けながら、世界に対して核廃絶運動を起こしたりしなかった。彼がやったのは、〝宇宙的瞑想〟を通じて、個人の内的な意識覚醒を達成しようという、極めて個人的な改革運動だったのである。

われわれの、UFOに対する認識は、全てとは言わないまでも、その根本が間違っていたのではないか。問題は、〝人が見たUFO〟の方にあるのではなく、〝UFOを見た人〟の方にあるのではないか。若い頃にハマったUFO関係の書籍を読み返してみて、私はそう、思わざるを得なかった。

〝見たものが本物のUFOだったのか〟ではなく、〝なぜこの人がUFOを見たのか〟をわれわれは、追求するべきなのではないだろうか。

いや、先を急ぐことはやめよう。まず、私はこの見地から、そもそも、現代のわれわれにとってのUFO騒ぎの発端となった地点にと、戻ってみたい。

そして、現代のUFO神話を創った男の、その人物の問題に踏み入ってみよう。

最初の目撃者ケネス・アーノルド

「太初《はじめ》に言《ことば》あり」

ヨハネ福音書はこう、始まっている。

「太初に言あり、言は神と共にあり、言は神なりき」

宗教関係の論議を始めようとは思っていないのでご安心いただきたい。これを、ある対象について、もじってこう言いたいのである。

「太初に言あり、言はUFOと共にあり、言はUFOなりき」

そう、UFOという、20世紀の生み出したたぶん最大のミステリーは、全て、あるひとつの言葉、それが意味を誤まってとられたところから始まった。そして、その言葉が、その目撃者をも変えてしまった。

1947年6月24日、実業家のケネス・アーノルドが自家用機でワシントン州カスケード山脈付近を飛行中、正体不明の9つの光る物体と遭遇した。9個の飛行物体は、大きさが約45〜50フィート（約14〜15メートル）で、彼が操縦していた飛行機より20〜25マイル（約32〜40キロ）離れたところを、高度約9500フィート（約2900メートル）で、北から南に向け移動していたという（これらの計算を彼は目測で行った）。そして、アーノルドはマスコミのインタビューに答え、その物体群のことを〝フライング・ソーサー〟と呼んだ。

……UFOに興味を持っている人なら、この話は常識として知っているはずである。まさにその時、20世紀におけるUFO神話は誕生した。

いや、ここでUFOという言葉を使うのは適切ではない。もし、アーノルドが自分の見た空を飛ぶ物体を〝UFO〟、もしくは他のなんらかの言葉で呼んだのであれば、現在にいたる、UFO事象群は、まったく異なったものになっていたことは、間違いないのだ。

それは何故か。

〝フライング・ソーサー〟の日本語訳は〝空飛ぶ円盤〟である。筆者の世代が最初に耳や目にしたのは、UFOではなく（この言葉もすでに使用されてはいたが）この〝空飛ぶ円盤〟の方であった。saucer はコーヒーカップの受け皿のこと、と辞書にはある。これを〝空飛ぶ受け皿〟でなく〝空飛ぶ円盤〟と意訳した人に幸いあれ。訳語ひとつの語感が、それが世の中に受け入れられるか受け入れられないか、その分かれ道となる。

……いや〝受け皿〟ではどうもイメージが安っぽくて一般化しないだろうとか、そういうことを言うのでもない。

〝フライング・ソーサー〟。この言葉を聞けば、だれしも、その後ポピュラーになった、ナベのフタ状の物体が空を行く姿を思い浮かべるだろう。その後、われわれはゲップが出るほど、それらのUFOの形状を写真に、イラストに、また映画にテレビに見ることになる。

円盤形は間違い？

しかし、である。

ソーサーとは言っても、ケネス・アーノルドが見たその物体は、円盤形をしていたのではないのだ。

彼はその飛行物体の形状を、飛行機にしては、

「尾部がない」

と証言している。つまり、羽だけの飛行機である。彼の証言はその後何回か変化するのだが、事件の直後には、

「受け皿かレコードを半分のところでぶつ切りにした形」

と言い、二日後にラジオで語ったところでは、

「凸の形に盛り上がったパイ皿を半分に切った形」

と表現している。要するにその物体が平たかったかどうかについて、印象が日を経るに

従い変化してきているのだが、最も大事な、変わらぬポイントは、それらが後部のない、ぶった切られたような形状をしていた、ということである。その証言を元に、事件のかなり後になってイラストレーターが描いたスケッチが残っているが、その形状は、ブーメランのような、三日月のような、細長い三角形の物体である。これは後年のものだけあって、かなり〝宇宙船ぽく〟なってしまっているが。

この形状から、実際はアーノルドが見たものは、カモメかアホウドリの群れだったのではないか、という情けない説が出ている。アーノルドがこの物体を地球上のものではない、と判断したスピードについては、目測を誤っただけであろう、と。

この説があまりにロマンがない、というのであれば、飛行機の編隊の見誤りというのはどうだろう。実際にこの証言に合致する形状の飛行物体として、第二次大戦中、ドイツ空軍が開発した全翼型戦闘機、ホルテンＨｏ２２９という戦闘機がある。実戦配備には間に合わなかったが、米軍がこれを押収して、実験飛行をしており、アーノルドはその飛行を見たのではないか、との説もあるのだ。……しかし、記録には米軍がＨｏ２２９をドイツから押収したことも、実験飛行をしたとも残っていない。

また、同じく全翼機で、アメリカの航空機メーカー、ノースロップ社が開発したＹＢ－

49という爆撃機がある。この爆撃機は実戦配備されることはなかったが、試験飛行は行われて、その初飛行がなんと、アーノルドが謎の物体を見たのと同じ1947年というのも驚くべき偶然である（ただし、その飛行は10月であり、アーノルドが物体を見た6月にはまだYB－49は飛んでいない）。この全翼機の雄姿は、これまた偶然ながら、同じく三角状をした宇宙人の戦闘用空飛ぶ円盤（war machine）によって地球が攻撃される映画『宇宙戦争』（1953年）で見ることが出来るが、この映画のセリフをよく聞いていると、YB―49のパイロットが、地上との交信で、

「こちらフライング・ウイング」

と言っているのが確認できる。羽（ウイング）が空を飛ぶ（フライング）のは当たり前というような気がしないでもないが、胴体がない、全体が羽になっている飛行機であれば、そう呼ぶのが自然にも思える。

何にせよ、形状から言えば、このアーノルドの目撃物体は〝フライング・ウイング〟または〝フライング・クレセント（空飛ぶ三日月）〟などと呼ばれるべきものだった。

実は飛んでいなかったUFO

では、なぜアーノルドはこれを〝ソーサー〟と表現したのか。それは、彼の目を最もひいたのが、それまで見たこともなかった、その独特の飛び方にあったからである。彼は、その飛び方を、

「丸い皿を放り投げ、水切りをしたような飛び方」

と表現した。海岸などで、平たい石にうまくひねりを加えて投げると、石は回転しながら水面に着いては、はじかれてまた飛び上がるような独特の動きを繰り返し、普通に放り投げたよりも、ずっと遠くまで飛んでいく。スキッパーと呼ばれる遊びである。大きな池の端で育った筆者なども子供の頃、さんざ試みたことがあるのだが、あの石を、

「飛んでいる」

とは表現しなかったように記憶している。言うならば、あれは水面を〝跳ねて〟いるに過ぎない。いや、事実、英語の原文でアーノルドの証言を見てみると、

"like a saucer if you skip it across the water"

と書かれているのである。受け皿はスキップして（跳ねて）はいた。しかし、決して〝フライング〟はしていなかった！

このコメントを、アーノルドにインタビューしたオレゴンの地元紙、『イースト・オレゴニアン』の記者、ビル・ベケットが記事にする際に、〝skip saucer〟ではなく、〝flying saucer〟と、語呂よく書き換えた。この言葉が、それから独り歩きをしはじめたのである。巷《ちまた》のUFO辞典などを読むと、アーノルドが初めてフライング・ソーサーという言葉を用いたという風に書いてあり、事実、彼が円盤を見た6月24日はあちらのグリーティング・カード店の暦には〝フライング・ソーサー・デイ〟と記されているのだが、なんと、実際に当たってみると、彼は、自分の見たものを〝ソーサー〟の形状だとも、〝フライング〟していたとも表現していなかったのだ。ケネス・アーノルドのことを戯れに〝空飛ぶ円盤の父〟などと呼ぶことがあるが、実は、そう呼ばれてしかるべき人物は新聞記者、ビル・ベケットの方だったのである。

しかし、先に記したように、

「言《こと》はUFOと共にあり、言《ことば》はUFOなりき」

である。この記事が発表されてからまもなく、全米のマスコミ、天文台、警察、空軍などに、

「自分もフライング・ソーサーを見た」

という報告が次々に寄せられることになった。それらは、まさに、記事にあった通りの〝フライング（空を飛行）〟する〝ソーサー（円盤）〟だった。形も飛び方も、アーノルドが見たものとは全く違った物体、〝空飛ぶ円盤〟という名称から想像されるであろう物体が、それから60年にわたって、世界中の空を我が物顔に飛行することになるのである。UFOの目撃談、搭乗談にはミステリーな部分が多い。しかし、その最も原初のミステリーは、ここではないだろうか。1本の記事が、誰も見たことのないような物体を、われわれの上空に現出せしめたのである。そして、さらに驚くことに、ケネス・アーノルド自身、その後、自分が見たものとは全く形状も飛び方も異なるUFO群の研究者・評論家として有名になっていく。

彼は、他の目撃者が見たものを、

「それは私の見たフライング・ソーサーとは違う。あなたがフライング・ソーサーを見たというのは誤りだ」

とは、主張しなかった。驚くべき許容度でもって、彼は、彼らの見た物体を、自分の見たUFOと同じ範疇《はんちゅう》に加えていった。

奇妙な体験の連続「モーリー島事件」

たとえば、アーノルドは、SF雑誌『アメージング・ストーリー』の編集長、レイモンド・パーマーの依頼により、自分が円盤を目撃したほんの数日前（6月の21日ともそれより前ともされてあやふやである）に、同じワシントン州のタコマにあるモーリー島に出現して、二人の沿岸パトロール隊員により目撃されていた、〝ドーナツ型で金属色をした6機の空飛ぶ円盤〟（自分の目撃の形状からなんとかけはなれていることか！）の調査に乗り出し、さまざまな奇妙な体験をすることになる。それは、〝UFO＝宇宙人の乗り物〟という、最も単純化された理解では、決して説明のつかないことだった。UFO史の中では「モーリー島事件」として知られているものである。

まず、アーノルドは、目的地に到着してホテルにチェックインした。ところが、何故か、そこに宿泊すると最初から決めてもいなかったホテルの宿泊名簿に、すでに彼の名前が記載されていた。さらに、その円盤を目撃した沿岸パトロール隊員（後にこの自称は真実ではなく、単なる漂流木材の回収業者だと暴かれた）の一人、ハロルド・ダールという男に会った。ダールの息子はケガをしていたが、それは彼ら親子がボートに乗っているときに目撃した6機の円盤のうち2機が衝突して大破し、そのとき溶けた岩のようなものを周囲にぶちまけたためであり、息子はケガですんだが、彼らの飼っていた犬はそれで死んでしまったということだった。

ダールは、詳細をアーノルドに語ることをためらった。それは、目撃の翌朝、1947年型のビュイック社製のセダンに乗ってやってきた黒ずくめの服装をした男が、「家族を愛しているなら、お前が見たことを誰にも話すな」という、大時代な脅迫の言葉を残していたからだった。ダールは円盤の写真を撮っていたが、男が帰ったあとで現像してみると、そのネガはまだら模様の、何を撮ったかわからないようなものになってしまっていた。

そして、この事件最大のミステリーであるが、目撃された円盤が海中に投棄したという物質（金属精製の際に出る鉄くずのようなものだった）を分析してもらおうと、アーノルドがその物質を託した二人の米陸軍情報局将校が、本部にその物質を運ぼうと乗り込んだB—25機が、離陸から20分後、謎の爆発を起こし、永久にその物質の分析を不可能にしてしまったのである。

まるで怪奇映画の主人公のような、こんな冒険をしている人物なのである、ケネス・アーノルドという人物は。

もちろん、この事件自体は、アーノルドに調査を依頼した商売人であるSF雑誌編集長のパーマーが捏造した記事である可能性が極めて高い。パーマーは自分が編集する『アメージング・ストーリー』誌の売り上げを大幅に向上させたが、それは彼が作家リチャード・シェイバーの『私はレムリアを忘れない』に始まる、いわゆる〝シェイバー・ミステリー〟を連載させたことにあった。シェイバー・ミステリーは、太古のアトランティス時代から地球の底に巣くっている邪悪な種族、デロスが地上の人間を狙って暗躍する物語で、これを発表するにあたり、パーマーはそれをすべて実話であって創作ではない、と雑誌に謳っていた。この作戦は当たって、アメリカ中の読者はこのシェイバー・ミステリーを本気にした。そして、ダールの上司で、自分も円盤を目撃したというフレッド・クリスマンという人物は、自分もデロスと秘密の戦いを続けている、とパーマーのもとに手紙を書き送っていた男なのである。

内情を聞くと、なあんだ、ということになる話だろう。現に、この事件を紹介しているスミソニアン研究所員カーティス・ピープルズの著書『人類はなぜUFOと遭遇するのか』（文春文庫）では、この事件は完全なデッチあげ、B—25の墜落も、翼の排気管の事故によるものと解明されており、その機は円盤の投棄物質など運んではおらず、黒服の男も本当はいなかった、と結んでいる。これは確かなことだろう、と思う。UFO事件を科学的に解明しようとする懐疑派の本であれば、これで決着、である。

だが。

デッチあげがいつのまにか真実に

こういう、懐疑派の結論を読むたびに（私自身、懐疑派に属する人間にもかかわらず）、常に疑問が残る。なぜ彼らは、そんな奇妙キテレツなデッチあげをしたのだろうか？　という疑問である。そして、そのデッチあげは、単なるデッチあげとして、そこでその事件への興味をカットアウトしていいものだろうか、と。

例えば、ダールが出会ったという黒服の男である。彼の存在は、後に、〝MIB〟（メン・イン・ブラック）という、UFO業界でも飛び切りの奇々怪々な事例《ストレンジ・ケース》となって、あちこちに飛び火する（この件については後述する）。さらに、自分でシェイバーの創作をノンフィクションとして売るというアイデアを出したレイモンド・パーマー自身が、なんとその後、シェイバー・ミステリーを本当に実話だと信じ込むようになり、編集者をやめてUFO研究家になってしまうのである。この、常識ではちょっと理解できない転身ぶりはどう説明がつけられるのか。

そして、ケネス・アーノルドは、それから1984年に亡くなるまで、ずっと、自分の見た円盤の話をマスコミに語り続けた。UFOの実在を信じる人であれば大抵、彼の見たものは確かに宇宙人の乗り物だったのだ、と主張する。しかし、アーノルドの目撃の後に続く、何万件という目撃談の中では、アーノルドが見たのと同形の三日月（半円）形、そして、スキップするような独特の飛行形態をするものというのは、極めて少数派に属するのである。

第2章　ノイズとしてのＵＦＯ情報

ウサンくさい事件は信じない?

私は、ケネス・アーノルドという人物を論じる際に、どうしてみんな、もっとモーリー島事件を取り上げないのか、といつも不思議に思っていた。UFOに関係する事件としてならば、アーノルド自身の目撃などよりはるかに面白い要素がぎっしりつまっている。黒服の男の登場などには、もうゾクゾクしてしまう。しかし、知人でUFO好きな人たちにその話をしても、何故かノって来ないのである。理由を聞くと、

「だって、あれはデッチあげだろう?」

と言う。

「デッチあげというなら、ロズウェル事件(ニューメキシコ州ロズウェル付近で、円盤が墜落し、宇宙人の死体が回収されたと言われる事件)だってデッチあげだろう。話のタネにするレベルで言えば、同じじゃないか」

とさらに問い詰めると、

「ロズウェルのは、ほら、写真とかもあって何か話がまともだし……モーリー島のは、黒服の男がギャングまがいの脅しをかけたり、B―25の乗員が、謎の死を遂げたりといった

あたりのウサンくささが、何か不真面目な気がしてイヤなんだよね」

と答えたのであった（ちなみに、彼は〝と学会員〟ではない。と学会員はみんな、こういうウサン臭い話は大好きなのである）。

それを聞いたときに、ああ、と、私は、それまでＵＦＯファンでありながら、日本のＵＦＯ研究に、なぜかノれなかった理由がわかったような気がした。

日本におけるＵＦＯ研究者は、みんな、大真面目なのである。どちらかと言えば、ＭＩＢの話などをすると、不機嫌になって怒り出しそうな、そんな雰囲気がただよっていたのであった。

ＵＦＯ業界の人気者「ＭＩＢ《メン・イン・ブラック》」

ちなみに、このモーリー島事件の黒服の男はなぜかＭＩＢ事件の中にカウントされず、１９５３年、ＵＦＯ研究家で、自分も宇宙人とコンタクトしたことがあると語っていたアルバート・ベンダーのもとに現れて、研究を中止せよ、と迫った３人組の男が最初の出現事例とされている。このときの真相をベンダーは10年後に著書で初めてあかすが、彼らはベンダーのマンションで自由に姿を消したり現れたりし、しまいには彼を南極に連れていったりという凄いことまでやったという。その後、ＭＩＢはアメリカのＵＦＯ業界での〝人気者〟になり、あちこちで奇怪な跳梁を見せることになる。

詳しい話はコリン・ウィルソン監修『超常現象の謎に挑む』（教育社）や稲生平太郎『何かが空を飛んでいる』（新人物往来社）を読んでいただければいいのだが、どちらも現在では手に入りにくい本なので、かいつまんで紹介すると、例えば１９６７年、ＵＦＯ研究団体のメンバーだったオハイオ州トリードの住人、ロバート・リチャードソンは自動車に乗って夜道を走っている最中に、地上付近にいたＵＦＯと衝突。ＵＦＯの一部と思われる金属片を拾得した。ところが、１週間後になって、黒ずくめの服装をした二人組の男がダッジの新車に乗って現れ、金属片を渡すように要求した。リチャードソンが、もうあの金属片は研究団体に渡してしまった、と答えると、

「あんたの可愛い奥さんに美人のままでいてもらいたかったら、あの金属を取り戻した方がいいぞ」

と、まるで50年代のギャング映画のようなセリフで脅して去っていったという。モーリー島の事件の男といいこのリチャードソン宅に現れた男といい、ＭＩＢというのはいやに大時代なセリフで相手を脅迫する癖があるようだ。

だが、大時代なだけならまだ愛嬌がある。１９７６年になって、メイン州でＵＦＯ調査機関の顧問を務めていた精神科医ハーバート・ホプキンス博士のもとにやってきたＭＩＢは、服装こそ大時代な黒ずくめだったが、その行動は常軌を逸して、むしろシュールで不気味ですらあった。黒い帽子を脱ぐとその頭には１本の毛も、まゆげやまつげさえなく、おまけに唇は赤く見せようとしてか、口紅をさしていたという！

そして彼は脅しのつもりか、掌の上に載せたコインを手品のように消失させて、

「この空間にいる者は二度とこのコインを見ることは出来ない」

と、今度はギャング映画ならぬＢ級ＳＦ映画みたいなセリフを吐いた。男が去っていった後の道路を見ると、車のタイヤ跡とは思えない１本だけのわだちが、しかも道路の真ん中についていた。

セックスに興味を持つ宇宙人

この奇妙な訪問者（の同類？）は、ホプキンス博士の息子のジョンの元にも現れた。今度は黒服でなく普通の服を着た男女二人組だったが、歩き方も、出されたコーラの飲み方もよく知らないような感じであり、それどころか、男性の方はしきりに女性の体を触りま

くったり抱きしめたりというイチャつきぶりを見せ、しかもジョン夫妻に、

「これでいいか、やり方は間違っていないか」

と訊ね、さらに呆れたことに、ジョン夫人に、あなたのヌード写真を持っていたら見せて欲しい、などと言い出したという……。多様な宇宙人目撃談の分類の中に、実は、

「スケベ派」

と呼ばれる一派の宇宙人《れんちゅう》たちがおり、彼らは一様に、地球人のセックスに多大なる興味を持つ。代表的なのが、なんと地球人の若者と実際にセックスをしてしまったという、ブラジル・ミナスジェライス州のアントニオ青年事件の宇宙人（後述）だが、彼らカップルも、宇宙人と断定はされていないが、その分類に該当するだろう。

たとえ宇宙人からの使者にせよ、あるいは宇宙人の存在を知られたくない組織の人間にせよ、これらの行動はあまりにバカげている、というか、一般人の理解の外にある。実際、彼らの存在を〝ＵＦＯ事件の暗部〟と呼ぶ研究者までいる。後にＭＩＢはトミー・リー・ジョーンズ主演でコメディ映画となったが、まさにその存在自体、コメディでしかない。とはいえ、もし、こんな常識を大きく超えた連中が、実際に目の前に現れたとしたら。変に〝宇宙人らしい〟宇宙人が目の前に現れるより、ずっと不気味なのではないだろうか。

ホプキンス博士の場合、出かけていた家族が帰宅したとき、彼は拳銃を身近においたまま、恐怖にがたがたと全身をふるわせていたという。彼の証言では、謎の黒ずくめ男はコインを消してみせたあと、まるで電池が切れたテープレコーダーのように話す速度が極端にゆっくりになり、

「いかん、エネルギーが切れかけてきた」

とつぶやいて、よろよろとした危なっかしい足取りで歩いて家を出ていったという。そんな男のことをこれほど怖がるというのも何か不可解だが、それは脅迫された恐怖ではなかったのではないか。自分の常識を超えた、〝本当に〟信じられないものが目の前にいた、という、根源からの恐怖感覚ではなかったか。

ＭＩＢという呼称を発明したのはＵＦＯ・超常現象研究家のジョン・Ａ・キールだが、彼自身、『モスマンの啓示』（国書刊行会）の中で、ＭＩＢに何度も脅しの電話をかけられ、その会話の中で、誰も知るはずのない自分の行動を、全て知られていたと言っている。また、彼らはキールに、マーティン・ルーサー・キングの暗殺、ロバート・ケネディの暗殺などを予言したが、これらは不思議なことに、当たりはしたものの、現実の事件の日付とは微妙にズレていたという。どうせ当てるなら、日付までズバリ当ててほしいと思うとこ

ろだが、この微妙なズレがまた、こちらの神経を妙にスクラッチしてくるのだ。彼らと私たちの使うカレンダーが同じとは限らない……。

純真すぎる日本人のUFO研究家

日本では、いや、日本に限らず、真面目なUFO研究家からは、彼らMIBの存在などはハナから歯牙にもかけられていないことは言うまでもない。前記『モスマンの啓示』が、後にリチャード・ギア主演で映画化されたのに伴い、映画と同題の『プロフェシー』と改題されてヴィレッジブックスから文庫化された際、訳者の南山宏氏（日本におけるUFO研究者の代表的な一人）は、訳者あとがきで、キールのUFO情報の取り入れ方に対し、「同じUFO研究家でもある訳者自身の立場からいわせてもらうなら、UFO情報をミソもクソも――という言い方が下品すぎるなら、シグナルもノイズもいっしょに受け入れるキールの姿勢にいささか疑問を感じる。人間という不正確きわまる観測装置を通してしかUFO情報の大半を入手できない以上、データとして認める前にまず真実度の高い情報（シグナル）と偽情報や誤情報（ノイズ）を激しく峻別して後者を捨ててからでなければ、正しい判断は下せないはずだからである」

と批判を加えている。ＭＩＢなどは、南山氏に言わせれば、最もどうしようもないノイズであろう。

しかし、実際に、氏の言う通り、人間というのが、不正確きわまる観測装置だとして、果たしてホプキンス博士の証言するような、極端なノイズというのは発生するものだろうか？　発生したとして、それは果たして、ノイズなのだろうか？　もちろん、私も、ホプキンス博士、および息子のジョン夫婦の体験は妄想の部類に属するものだと信じる。しかし、路上につけられた奇妙な車輪痕は博士の家族も目撃しているし、いったい、あそこまで不可解な訪問者の話をデマとして創作するなどということが、一般の人物にとって、どれほど意味のあることなのだろうか。

これは、ノイズに似て、実は全く異なる、ある別種のシグナルなのではないか、と私には思えるのである。ＵＦＯが、これだけ長い間研究され続けて、いまだその正体がわからない、いや、わからないどころか、その真相にさっぱり迫れていない原因は、そもそものトバ口から、受け入れるべき情報と、そうでない情報を取り違えているからなのではないだろうか。

先に書いた、日本人のＵＦＯ研究家の真面目さは、ある種の視野狭窄を日本人に持たせてしまっているような気がする。それは、UFOを肯定する派も否定する派もひとしなみに持っている真面目さである。真面目、というよりは〝純真さ〟と言えるかもしれない。それは、UFOという、いかにもアヤシゲなものを愛し、研究対象として扱っている自分たちの、コンプレックスの裏返しなのだろうが、いつか、真面目にやっていさえすれば、自分たちの研究は、正当なアカデミズムに評価されるはずだ、そのときこそ、UFOなんてものに血道をあげて、と白眼視してきた世間に対して、ハナをあかしてやれるぞ、という希望を胸に抱いているような気がするのである。だからこそ、UFOに関するデータのうち、おかたいアカデミズムが毛嫌いするような、あまりに馬鹿馬鹿しいデータはこれを取り上げないようにする、といった姿勢をかたくなに崩さないのではないか、と忖度《そんたく》しているのだが、さて実際のところ、どうだろう。

誤解しないように言っておきたいが、私も南山氏はじめ、荒井欣一氏、高梨純一氏など、そういった真面目なUFO研究家の皆さんの活動を横目で見、著書を読んで育った。特に高梨氏編の『世界のUFO写真集』（高文社）の、その、写真の真偽を科学的な目で検証する態度には深く尊敬の念を抱いたものだ。なにしろ、この本の目次には「カメラのレンズのいたずら」「変てこなUFO写真」「似て非なるもの」「トリック写真告知板」「眉唾物のUFO写真」などという項目がずらりと並び、掲載されている写真の3分の1以上をインチキと断じているのである。そのストイックさに私はしびれた。

しかし、同時に、

「このように厳しい態度で疑惑のあるＵＦＯ写真をハネのけていて、1件たりとも〝これぞ本物〟という写真が残らないとしたら、高梨氏は、なおそれでも〝ＵＦＯは実在する！〟と唱えられるのだろうか。いや、これだけの数のＵＦＯ写真を調べて、その中に本物と太鼓判を押せるものがほとんどない状態で、どうして氏は、いまだにＵＦＯを信じていられるのだろうか」

と思ったことも、また事実である。私なら、10年、研究を続けていて、本物と認定できるデータが見つからなかったら、まず、否定派にくら替えする。でなければ、取り組み方を変える。実際、私は10代の後半で否定派に自分の立場を変え、そして、20代あたまで、ある本に出会い、ＵＦＯへの取り組み方に対する、根本的な転換を余儀なくされたのである。

アヤシゲな情報にこそ真実がある？

その本が、さきほど南山氏が〝いささか疑問を感じる〟と述べておられた、キールの著作だった。神田のゾッキ本屋で買って、一気に読み通してしまった『モスマンの啓示』の、無茶苦茶に新しかったところ、刺激的であったところは、まさに南山氏の言う、

「ミソもクソも一緒」

という情報の収集法だった。南山氏たちの世代の研究者の方々の姿勢、というか思想の根底には、〝UFO問題はつきつめていけば必ずそこに「真実」がある〟という信念、もっと歯に衣《きぬ》着せずに言ってしまえば願望、がある。しかし、氏をはじめとするその世代のUFO研究家たちが、追っても追っても真実に到達できない状況を見ながら育ったわれわれには、すでにして〝本当にUFOには真実ってあるのか？〟という、重大な疑念が心の底に沈殿しているのである。それはあまりにUFO情報がアヤシゲなものばかり、カスばかりであるところからの正当な疑問呈示であり、そして、やがてそこから〝ひょっとして、このアヤシゲさこそ、UFO問題の本質なんじゃないのか？〟という思いが湧いてくる。

われわれがこれだけかかってUFOの正体をいまだ見極められていないのは、ノイズを切り捨てていたからではないのか？　真実は、実はクズ情報の中にもっとも明確に見えて

いたのではなかったか？　というコペルニクス的な視点の転換が必要だった。キールの著作はまさに、その〝啓示〟を与えてくれた著作なのである。

もっとも、その視点から導かれるキールの結論は、それはそれであまりに飛躍が過ぎてついていけないようなシロモノであった。『モスマンの啓示』『UFO・超地球人説』（早川書房）などの本から、彼の説をまとめてみるとこうなる。

「この地球には、われわれ人類よりはるかに高度な〝超地球人〟と呼ぶべき存在があり、彼らがUFOを飛ばしている。地球の物理法則も人間の意識も運命も、全てを超越できる超地球人は、宇宙的規模のいたずらで、われわれ地球人をからかっている。UFOと宇宙人の情報における、あまりのデータの混乱ぶりは、超地球人のいたずら故なのである」

……いかに何でも、これはちょっと受け入れがたい結論であろう。

しかし、UFO情報を信頼度の程度で選り分けず、瑣末なものまでを徹底的に分析するという態度は、私のその後の、UFOに限らず、全ての探求分野での基本姿勢となった。その意味ではキールは私の師匠と言ってもいい。そして、そう思ったときに、まず、もう一度、洗い直してみよう、と私をして思わしめたUFO関連の大物がいた。

その人物こそ誰あろう、この業界の草分けの一人であるジョージ・アダムスキーである。

ＵＦＯを研究する者にとり、いわば、自分がまっとうな研究者か、それともオカルトの方に足を突っ込んでしまっているビリーバー（盲信者）か、という踏み絵みたいな存在が、このアダムスキーというおっさんであったのだ。

第3章 アダムスキーの信じ方

正当な理屈は通らない

ＵＦＯ問題を（あまりＵＦＯに深く立ち入ったことのない）一般人が考えた場合、ことは非常に簡単だ、と思われるのではないか。

「要は、ＵＦＯってのが本当にあるのかないのか、そこを調査して結論を出せばいいんでしょう？」

というわけである。

「ＵＦＯを目撃した、と言うなら、その証言を徹底検証すればいい」

考えてみれば殺人事件でも窃盗事件でも、その容疑者には徹底した取り調べが行われ、その証言に矛盾がないかどうかを調査してみて、容疑者が果たして犯人であるかどうかを判断する。

その事件の証言者の言に事実と相反するものがひとつでもあれば、彼の発言は疑わしいとされ、証拠としては取り上げられない。シドニー・ルメットの名作映画『十二人の怒れる男』で、殺人事件の現場を見たという証人の、眼鏡の常用者であったにもかかわらず、ベッドから飛び起きて裸眼のまま、18メートルも先の殺人を目撃したという証言は、証言としてあまりに弱い、と判断され、被告の殺人罪は立証できない、無罪だ、と陪審員たちが結論する場面を覚えておいでの方も多いだろう。この場合、たとえその証言が弱いとはいえ、被告が本当に殺人を犯していないのかどうかはわからない。しかし、疑わしい証言を元に人を罪に陥れることは出来ない、というのが常識的な人間の考え方である。

逆もまた真なり、で、自分の意見を正しいと証明したい人の、その前段階での発言にウソがまぎれていたのであれば、彼の発言の信頼性は大きく疑われることだろう。

だから、冒頭のように一般人は考える。

「ＵＦＯ目撃者の言っていることを検証して、その言っていることにウソがないかどうかを徹底して調べれば、すぐに結論は出るじゃないか」と。

ところがこれが、そうはいかないのである。

ＵＦＯ問題をこれだけこんがらかったものにしている原因は、まさに、その理屈、正当なその理屈が通らないことにあるのだ。言っていることに全く信憑性がない人間の言、まさに南山宏氏言うところの〝ノイズ〟でしかない情報を、人は容易に信じ込んでしまうのである。それも、50年以上の長きにわたり。

UFOの形の生みの親、ジョージ・アダムスキー

UFO問題の、ある意味代名詞とも言えるジョージ・アダムスキーが、それを証明してくれる。UFOと言えばいまや小学生でも描く、お皿の底部に球状の装置（着陸ギア？）が3つ（4つに描かれているものもあるが3つが正しい）、くっついているあのデザインは、このアダムスキー氏が描いた図をもとにしている。彼は、そのUFOに乗って地球にやってきた宇宙人と出会い、話をし、そしてUFOに乗せてもらって、月や金星を訪問したと主張していた。

彼の周囲には、その彼の発言を信じ、彼の説く宇宙人からのメッセージを、まるで神に出会った預言者の言葉を聞く信者のようにあがめる人々が集まった。

彼は、UFO問題というものが20世紀社会に出現して最初に著名人となったコンタクティ（宇宙人と出会った人物）であり、そして、その後のUFO問題の、ある意味基本形として、大きな影響を及ぼした人物である。その後の全てのコンタクティたちの体験談は、アダムスキー事件の焼き直しと言って過言でない。いや、こう言うべきだろう。アダムスキーが原型なのではなく、アダムスキーの周囲に集まった人々こそ、その後のUFO問題の原型を作ったのだ、と。その〝問題〟とはなにか。

「UFOに出会った」

という、現実を飛び越えた超常体験に対し、一切の抵抗力（疑ってかかるという抵抗力）をなくしてしまうという心理の原型、である。

UFO事件一般に詳しくない読者たちのために、ここでアダムスキー事件をおさらいしてみよう。

世界で最も有名なUFO事件

1952年11月20日、新興宗教団体である「ロイヤル・オーダー・オブ・チベット」の教祖、ジョージ・アダムスキーは、カリフォルニア州とアリゾナ州の州境にあるモハヴェ砂漠で、仲間達とともにUFOと遭遇、着陸したUFOから現れた、金髪で美しい顔形をした金星人の男とテレパシーで会話をした。金星人がそのとき語ったのは、核実験の危険性についてであったという。

アダムスキーは金星人の写真を撮ろうとしたが、金星人はそれを拒み、アダムスキーがUFOを撮影したネガホルダーも取り上げて去っていった。しかし、この二人の会見をアダムスキーの同行者が遠くから見ており、金星人の姿をスケッチした。そして、そのスケッチと共にこの事件はすぐに新聞に載り、世間は大騒ぎとなった。このとき取り上げられたネガホルダーは、その数週間後にアダムスキーの家の上空に現れたUFOから投げ返された（乱暴な……）という。このとき改めて、アダムスキーはこのUFOの写真を撮影、それがあの有名なアダムスキー型UFOとして知られるものだったが、何故か今度は宇宙人も、その写真を取り上げようとはしなかったようである。

UFOから返されたネガを現像してみると、そこには撮影したものは写っておらず、代わりに奇妙な記号や文字が写されていた。これをアダムスキーは宇宙人の文字だと主張する。

翌年の2月、今度は宇宙人たちはロサンゼルスに出現する。アダムスキーがロスのホテルに宿泊中、夜更けのロビーに突然二人組の男たちが現れ、アダムスキーを拉致して砂漠に連れていく。彼らは自分たちは火星人と土星人だと名乗り、この間会った金星人に君を会わせるために来た、と言った。砂漠にはこのあいだと同じUFOが待っており、それに乗り込んだアダムスキーは、中で待っていた金星人に再会する。

彼らの会話は全てテレパシーで行われていたことになっているが、何故か名前がわからないらしく、アダムスキーは彼らのことをあだ名で呼ぶことにした。金星人はオーソン、火星人をファーコン、土星人はラミューである。アダムスキーは彼ら3人に誘われるままに、UFOでの宇宙旅行に赴いた。これを皮切りにして彼はその後も何度も宇宙旅行を体験し、そこでの見聞を本に記している。その内容は、

「太陽系内の惑星にはみんな人間が住んでいる」

「月には空気も水もあって、草原があり、動物が走り回っている」

などというものである。

「ビールは少量であれば体にいい飲み物である」

などということも宇宙人たちは言ったそうで、これに関しては私も異存はないが、しかし、他の説は現代では、ヨタとかウソとかいう以前に、全く事実と反する、ということを、すでに人類は証明してしまっている。

「太陽は熱くない」

１９５０年代当時でも、すでにアダムスキーの唱える宇宙像に対して、科学者たちからは否定的な声があがっていた。全ての惑星に宇宙人が住んでいるという主張に対して、ある人が、

「水星は太陽に近すぎるので、熱くて人など住めないはずではないか」

と質問した。すると、アダムスキーは平然として、こう答えたという。

「太陽は熱くない」

と。彼の説によると、

「熱は太陽の放射線に対する地球の大気の抵抗によって生じる。だから、空気の薄い山の上などに行けば行くほど寒くなるのだ」

ということなのだそうだ。その他、彼は講演で人間は生まれ変わるという輪廻転生を説き、ビリー・ザ・キッドも現代に転生してきているが、やはりまた泥棒になっている、などと言っている。

……こういう説を唱える人間の言うことを誰が信じるものか、と、この本を読んでいる読者の大半が思うであろう。……しかし、そうしたまっとうな判断が通用しない世界があることも、私は知っているのである。

確かに、現在ではアダムスキーの発言をそのまま受け取る人間は少ないだろう。インターネットのフリー百科事典として有名なウィキペディアでも、ジョージ・アダムスキーの項目では記述の最後で、

「現在ではアダムスキーの主張はほぼ問題にされない状況となっている」

　と、すでに過去の人間扱いである。しかし、その記述の後につく参考文献案内では、『新アダムスキー全集』第12巻『宇宙の法則』が、２００４年12月に刊行されていることを伝えている。このアダムスキー全集は、日本における最も著名なアダムスキー信奉者であったＵＦＯ研究家の久保田八郎氏のライフワークだったが、１９９９年に久保田氏が亡くなり、久保田氏が作っていたＵＦＯ研究団体（もちろん、アダムスキー理論にもとづくもの）「日本ＧＡＰ」が解散した時点で、発行も終わりになったと誰もが思っていた。しかし、久保田氏のご子息がその後を継いで、新刊まで出したのである。

　ちなみに、書籍のネット通販サイト〝アマゾン〟をのぞいてみると、この最新刊のレビューはまだないが、他のこのシリーズには、このような絶賛のレビューがあがっている。

「この本を少なくとも15年くらいは読んでいる者です。驚異的な本です。ものすごい情報がたいへんな密度で書かれています。（中略）どうしてこんな本が書けたのか。謎です」

（『21世紀・生命の科学』）

「（上略）他国では、これほど自由に、アダムスキーの内容をこのボリュームで、今現在、手にできていないので、読めるのは、日本人の特権かもしれません。……自分の子供には、必ず読ませたい内容です。(下略)」(『超能力開発法』)

……他国では読めないのは、すでに本国アメリカなどではアダムスキーの説のインチキが知れ渡っているからではないか、と思うのだが、実際、このアマゾンのレビューも、不思議とアダムスキーがUFOを語った本、アダムスキー関係の基本図書とも言える『空飛ぶ円盤同乗記』などにはついていない。ついているのは、アダムスキーの哲学的な宇宙論、生命論などを説いた著作に限られるのである。

オカルト好きに支持されるアダムスキー思想

実際、現在アダムスキーを信奉している人たちに、UFOファンはそういないように思える。アダムスキー思想は、オカルト系の、一見、UFOとは何の関係もなさそうな分野の人に支持されて、命脈を保っている感がある。例えば、竹内文書(超古代—紀元前3175億年!—から日本の皇室は続いており、その当時の日本は世界の中心で、モーセもキリストもマホメットも釈迦も、みな日本の天皇に詣でていた、という内容の古文書)を信奉しているあるサイトの中の文章に、いきなりこのような文脈でアダムスキーの名が出てくる。

「1953年にアメリカのジョージ・アダムスキーが金星人とコンタクトしたことを本にして発表した。それは全世界に一大センセーションを巻き起こした。いわゆるUFOブームの始まりである。彼はこの宇宙は人間が住む為に作られている、と主張した。太陽系には12個の惑星があり、そのどの星にも我々と変わらない人類が住んでいて、我々の文明が始まるずっと以前から関わりあっているのだとも主張した。これって竹内文献の話とよく似てますよね。

現在ではアダムスキーの主張はインチキだ、という烙印をムリヤリ押されて黙殺されている。しかし、彼が嘘吐きであったというなんの証拠も示されていないのだ」

証拠は〝太陽は冷たい〟〝金星には動物が走り回っている〟という発言だけで充分だと思うのだが、このサイトの人にはこれは嘘つきの証拠ではないらしい。

彼らアダムスキー信奉者のうち、初級（と私が名付けている人たち）は、まず、アダムスキーの発言を正当化しようとする。われわれが得ている太陽や金星や月の情報は、全てNASAや軍部が作り上げたデマで、われわれは真実から目をそらさせられているのだ、というものである。アダムスキー自身、講演などで自分の説と実際のデータの食い違いをこれで説明していたようだが、これは強弁するにはかなり無理のある説である。そもそも、太陽の実際の温度や太陽系の多くの惑星の環境は、NASAが出来る前から観測されていて、わかっていたことなのだ。

次に中級。これはアダムスキーのウソというのは、地球人たちにメッセージを伝えるための、一種の方便だったというものと、方便を使っていたのはオーソンの方で、アダムスキーも騙されていたのだ、という論に分かれる。あるサイトの主宰者は、アダムスキーに出会ったオーソンが金星からやってきた、と言ったのは、善意からくるウソであった、と解釈している。

「〝何処から来たのか？〟という質疑応答は、往々にして質問者と回答者のあいだの認識レベルに差異がある場合に発生する。この差異を解消する手段は3つしかない。

1　より低いレベルの者にしかるべき知識を与え、同等のレベルまで引き上げる
2　低いレベルまで情報の質を低下させる
3　質問に対し、正当な回答をすることを放棄する

オーソン氏は3つめの方法を選んだと思われる。彼は何らかの使命をもって地球を訪れ

たのである。あるいはそれは単なる観光目的だったかも知れないが、いずれにせよ、たまたまその場に居合わせた一般人のアダムスキーに対し手間をかけて銀河宇宙の地理を説明する義理はない。

また、回答のレベルを低下させるにしても、アダムスキーの認識はあまりに低く〝どの星から来た？〟という問いに対し、せいぜい〝遠くの星から〟としか説明し得なかったであろう。当然その後には〝遠くの星って何処？〟という再質問が予想できる。賢明な宇宙人ならば、そういうトトロジーは避けたであろう。

残るは3つめの方法のみである。オーソン氏はアダムスキーの質問に対し〝金星から来た〟と答えた。それは火星でも土星でもよかったのである。アダムスキーに理解可能なレベルで、それ以上の質問を回避できればどこでもよかったのである」

「こういったオーソン氏の応答を不誠実だと非難するのは間違いである。1950年代の人類にとって、かろうじて理解可能な宇宙とは火星であり土星であり、そして金星であった。それ以外は〝遠くの星〟だったのである。彼はたとえ事実に反しても、もっとも効率的な回答として金星を選んだに過ぎないのだ。やがて人類が宇宙進出を果たし、いて座22番星の影に隠れる小さな星に巡り合った時、すべての誤りを正せばいい。オーソン氏はそんな風に考えたのかも知れない」

まるで、オーソンの優しさがアダムスキーに対しウソをつかせた、と言わんばかりの擁護だが、この文章の冒頭には、そう教わったアダムスキーが（素直にも）言われたままのことを発表したため、

「アダムスキーは〝ホラ吹き〟のレッテルが貼られてしまった。数々の惑星探査の後では〝金星人に会った〟という話は、程度の低いジョークでしかなかったのである。ＵＦＯへの関心はより真実味のある物語へと移り、ＵＦＯの存在を信じる人々のあいだでさえ、彼は〝ＵＦＯ愛好家の汚点〟とまで評されるになった。

１９６５年、ジョージ・アダムスキーは、世界中から〝嘘つき〟と呼ばれたまま、静かにこの世を去る」

とある。要するに、オーソンの善意は完全に裏目に出たわけだ。そもそも、普通に考えれば、人類が着実に宇宙進出を果たしていくとするならば、〝いて座22番星の影に隠れる小さな星に巡り合〟う前に、金星の真実の姿を目にするのはわかりきったことの筈で、そうなれば、アダムスキーは確実にウソつきよばわりをされ、自分たちが彼に託したメッセージ（人類は核実験をやめなければいけないというもの）も伝わらなくなってしまうでは

ないか。なぜ、アダムスキーをはじめとする人類が金星や月の裏側などの情報をある程度手に入れられるようになった時点で（アダムスキーの時代は宇宙進出が日進月歩で実現していた時代だった）、訂正の情報を送ろうとしなかったのか。これではアダムスキーは単なる被害者である……もっとも、このサイトの主宰者の言うように、アダムスキーは世界中からウソつき呼ばわりされて寂しく死んだというわけではないので、アダムスキーに同情する必要はあまりない。彼は静かにこの世を去ったどころか、最晩年まで信者たちに囲まれ、世界中で講演旅行をして多額の講演料を稼いでいたのである。

アダムスキーを正当化したがる人々

……アダムスキーの言うことを正当化しようという理論は他にもいろいろある。

・アダムスキーのカン違い説。金星には単に途中で立ち寄っただけ、あるいは金星の方角にある別の星と言ったのを、聞いたアダムスキーが金星とカン違いしたという説。何となく消火器詐欺の〝消防署の方から来ました〟を思い出させる。

・本当に金星から来た説。いかに金星がわれわれ人類にとっては生息不可能のように見えても、科学の発達した宇宙人にとっては、そんなものは屁でもなかろうとするもの。また宇宙人は肉体を超越した霊的存在なので（アダムスキーに見せた肉体は仮の姿）、金星の状態など関係ないという説もある。

・やっぱりアダムスキーが正しい説。地球の現在の科学や、自分たちの体験であっても、一切信じず、ひたすらアダムスキーの無謬《むびゅう》性を信じ、他の情報には全て目をつぶる考え方。聖書を頭から信じるキリスト教原理主義者が、ノアの箱船というのは本当にあったのか、キリストが死から甦ったのが科学的にみれば有りうることなのか、などという議論を無視して、キリスト教への完全信仰を表明するのと同じである。こういう信じ方の例としては、深野一幸という著名なオカルト系のライターがいる。この人の『１９９×年地球大破局』（廣済堂出版）という本によれば、深野氏がさまざまなコンタクティの語る内容を本当かどうか判断する基準はアダムスキーにあり、

「それと同じ事を伝えてきているコンタクティを本物、異なる情報を伝えてきているコンタクティを偽物として仕分けを」

する、のだそうである。じゃ、そのアダムスキーの情報の判断はなんなのか、と普通の人なら考えるところだが、深野氏にとってはアダムスキーが正しい、ということは疑ってはいけない〝教義〟であるらしい。まさに、宗教と言っていいだろう。日本で最も熱心で

あったアダムスキー信奉者の久保田八郎氏は、最晩年まで、〝宇宙科学の分野で、アダムスキーの正しさが近年証明されつつある〟と言い続けてきた。どこがだ、と言いたい気持ちを周囲の人々が抑えていたのは、久保田氏が半生をかけてアダムスキーを信じ、私財をなげうって研究してきた誠実な人間だということをみんな、知っていたからだと思う。雑誌『地球ロマン』（絃映社）復刊2号のUFO特集の人物紹介欄〝空飛ぶ円盤のパイオニアたち〟でも、久保田氏のことは、

「一つの主義主張を奉じ、生涯それを一貫することは、なかなか並の人間にはできないことである。円盤界における久保田八郎の占める位置は、一貫して常にアダムスキー主義者であり、今もなおあり続けているという点につきよう」

と評されている。UFOに関係しようという人には、肯定派否定派問わず、優しい人が多いのだ。

宇宙人に会ったかどうかは問題ではない

しかしながら、やはりこれらの正当化というのは苦しい。UFOマニアたちの間であってもアダムスキーの信奉者が減っていったのは、そういう苦しい言い訳をしなければ信じ

られないような説というものの説得力は、やはり弱いからである。

アダムスキーを信奉する〝上級〟者のとる方法は、こういう科学的な説明の方に足を踏み入れるのを避けることである。確かに金星や太陽などに関するアダムスキーの発言には誤りがある（かもしれない）と認めた上で、

「しかし、そんなことは小さな問題でしかない」

と切って捨てることである。

「問題はアダムスキーが唱えた宇宙哲学の正しさであって、彼が本当に円盤に乗って金星まで行ったかどうか、宇宙人に会っていたかどうかは大きな問題ではない」

と、言いきってしまうことである。えっ、アダムスキーが数多くの信者を獲得できたのは、彼が円盤に乗って、実際に宇宙を旅するという、普通の人間には出来ない体験をしたからなんじゃないのか、と驚くだろうが、ここで上級のアダムスキー信者は、論理を堂々とスリ替えるのである。

その結果、信者以外の人間には、その人が何を言っているのかさえ、よくわからない仕儀となる。あるサイトで、アダムスキー信奉者であることを宣言したあと、アダムスキーの論の科学的・論理的破綻を解説したサイトの存在を知らされたサイト開設者は、このよ

うに答えていた。

「アダムスキー氏が根っからの詐欺師なのか、それとも途中から詐欺師になったのか、あるいは最初から真っ当な人間であるのかは、私自身、本人に会ったこともないので分かりません。ただ彼が詐欺師であろうがなかろうが、私にはそのようなことはどうでも良い次元のものです。私がＵＦＯの存在を肯定するのは、拙著のエッセーに書いていますように、ただそこに〝ロマンを求める〟からです。否定すればそれ以上話は前に進みませんが、肯定すれば話も進みます。そこにロマンがあると私は思うわけです」

詐欺師を信じるのがロマンとはとても思えないし、相手の話を全く聞こうとしない態度で前向きに物事が進むとは思えないのだが、こう言いきられては、第三者は何も言えなくなる。

また、ある人のブログでは、

「たとえ、ウソだとアダムスキーがいったとしても、私自身がそのウソだといわれている内容にたくさんの気づきをしているわけだし、ウソだと思うのか思わないかは私本人がきめることですから。

要は、たとえ聖人が体験して学んだことでも、またそれが知識として伝わってきたことでも、本当のところは、自分自身で体験を通して判断するしかないわけです。その人が語ったことはその人が経験して学んだのでしょうから。ウソかホントかという問題は、科学的究明ではなく、共鳴するか否か、これに尽きます。共鳴、共感、その人の主体性の判断です」

と書いて、アダムスキー否定派を切り捨てていた。

どちらも、自分さえそれを信じられれば、その対象の客観的な正しさはどうでもいい、という、極端な思考停止状態に陥っているということを全く認めていない。自分自身の目が曇り、判断を誤っているかもしれない、という客観的視点を取り入れようとしない傲岸さにあふれた思考だとは気がつかず、何事も自分で考え、自分で判断しようと主張する、それが極めてまっとうな態度だと信じ込んでいるから手に負えない。いずれもアダムスキーを信じ込もうとし、その科学的、論理的な誤りに目をつぶり通そうとした結果、アダムスキー哲学の根本にある〝謙虚〟の心と全く離れているように私には思える。

……と言うと、ちょっと待ってくれ、と言う人がいるかもしれない。アダムスキーの哲学と言えば、宇宙人から授けられた、大変に高邁な哲学だと思っていたのだが、その根本は〝謙虚〟などという平凡なものなのか？　と。

その通りである。

科学的根拠も必要ない

アダムスキー哲学においては謙虚さを重要な要素とする。謙虚さとは何か。自分が得ているさかしらな科学的知識で、アダムスキーの言うことを判断しないことである。さらに言えば、神霊だの、宇宙人だのから自分が情報を得ている、などと言い出さないことである。そのようなことを言い出す輩は、自分がアダムスキーと同等の存在だと主張する、謙虚さを忘れた連中なのである。……これでは、どうあがいてもアダムスキーの理論を覆せるわけがない。かくて、円盤などというささいなことを気にしない限り、アダムスキー哲学を信奉する者は安泰なのである。

……ただし、これは、世の人の信じる宇宙人が、アダムスキーの出会ったオーソンたち1種類だとした場合である。

「私は別の宇宙人から情報を送られている」

という一派が出てくると、ややこしいことになる。ビリー・マイヤーという、アダムスキーに匹敵する信者を集めているコンタクティを信奉している人のサイトには、こうあった。

「アダムスキーのコンタクトは詐欺です。それらはアダムスキーの作り話であり、偽造されたものだったのです。（中略）アダムスキーの作り話が何故これほど多くの人々に支持されているかといいますと、ギゼー知性体／ギゼーの宇宙人と悪質な知性体の霊が共同で、アダムスキーの作り話に便乗して、多くのアダムスキーの支持者やＵＦＯの新興宗教等にＵＦＯ現象を見せて、多くの人に偽りの宗教的妄想を抱かせたからなのです」

何を言っているのかわからぬ、という人がほとんどだと思うが、ここまで来れば、この論者を科学的であるとかないとかと非難する人もおるまい。アダムスキーが多くの非難にさらされるのは、その主張の補強に、科学のひさしを借りて、さまざまなことを見てきたように語ったためである。先駆者だけに、そこらへんが中途半端で、いろいろと後につつかれるようになり、後の信者たちが苦労することになった。後の、宗教的ＵＦＯコンタクティたちは、科学的な証明をあまり自らのＵＦＯ体験談に求めない。そのあたりも、アダムスキーに学んだ、と言えるかもしれない。

第4章

日本UFO史の暗黒面

日本のUFO研究とアダムスキーの関係

アダムスキーのコンタクティ談が日本で初めて紹介されたのは、1954年だった。彼の体験を綴った、"Flying Saucers Have Landed"（D・レスリーとの共著）が、『空飛ぶ円盤実見記』（高文社）として翻訳されたのである。アダムスキーが金星人オーソンと出会ったと発表したのが1952年、最初の本が出たのが翌53年だから、かなり早い時期の翻訳と言えば言える。それだけ、日本において、空飛ぶ円盤に関する関心が高まっていたという証拠である。

もちろん、この本は日本円盤界に、大きな反響を呼んだ。それまで、空を見上げて、眺めるだけのものと思い込んでいた円盤が、なんと、ひょっとしたら地球に、いや、自分の目の前に降り立つことだってあるかも知れないのである。日本の円盤研究家、愛好家たちは、この、全く新しい〝円盤（宇宙人）とのコンタクト〟という考え方を呈示されて、そこから二つの道へと分かれることになる。もちろん、それを認める派と、認めない派である。そして、この二派の対立が、実は、先に私が示した、日本の円盤研究が、妙にキマジメであり、イメージの飛躍に乏しい、という欠点（読んでの面白さという点で）の、いわば元凶となっていった。

それには、日本円盤史の中で極めて語られることの少ない、ある〝事件〟がからんでおり、そして、その事件を起こした団体の設立に、ジョージ・アダムスキーのおっさんは、大きく関与しているのである。

善かれあしかれ、やはり、日本におけるＵＦＯの歴史の中で、アダムスキーは落とすことのできぬファクターとして存在しているのであった。

さっきキマジメと言ったが、最初のうちは、日本のＵＦＯ研究は、逆にどこかに遊び心のある、いわば知的エリートたちの文化遊戯、といった感じを大きく有していた。それは、日本最初のＵＦＯ研究団体のメンバーを見ればわかる。

星新一もいた「日本空飛ぶ円盤研究会」

日本で最初にＵＦＯの研究団体が設立されたのが１９５５（昭和30）年。アダムスキーの翻訳書が出た翌年である。もちろん、まだＵＦＯなどという名前は定着しておらず、〝空飛ぶ円盤〟と呼ばれていた時代であり、名称は「日本空飛ぶ円盤研究会（略称ＪＦＳＡ）」である。会長は、後に五反田に自費で私設博物館「ＵＦＯライブラリー」を作ってしまう研究家の荒井欣一。顧問として作家の北村小松、ロケット研究家の糸川英夫、漫談家の徳川夢声、柔道家で放送タレントだった石黒敬七など、大変豪華なメンバーを揃え、かつ、会員には荒正人、新田次郎、三島由紀夫、黛敏郎、黒沼健、星新一、南山宏、平野威馬雄（あの平野レミさんの父上である）といった著名人、文化人たちが並んでいた。徳川夢声氏や平野威馬雄氏は同時に心霊研究（愛好）家としても知られており、平野氏は「お化けを守る会」という会も主宰していた。徳川夢声氏は、円盤は人魂の一種ではないか、というような説を唱えており、空飛ぶ円盤ならぬ、〝空飛ぶ角盤〟、四角い発光飛行物体を見たことがある、などと、ユーモアたっぷりのエッセイに書き記している。この当時はまだ、空飛ぶ円盤は心霊、怪奇現象などとひとくくりにされていたジャンルだったのだ。

いずれにしても、会員たちはみな、一般人とはその知的地平を異にする、文化エリートであったことは間違いない。星新一氏は、その頃の世間一般の円盤に対する興味を、「あの頃空飛ぶ円盤なんていったら、こいつ頭おかしいんじゃないかってな扱いでしたよ（笑）。マスコミだってまともに取り上げたりしなかったし、まさにマイナー中のマイナーで、またそれだけに会員もみんな熱心でしたね」

と語っている（角川文庫『ごたごた気流』所載インタビュー「戦後・私・ＳＦ」）。確かに、当時空飛ぶ円盤という言葉は朝日新聞で囲み記事に取り上げられる（昭和27年8月7日）など、認知度を上げてきてはいたが、大のオトナがその存在をめぐって論議するような、そのようなたぐいの問題ではないというのが一般的な認識だったろう。では、なぜそんなものに、当時一流の知識人だった三島由紀夫や荒正人などという人々が興味をしめしていたのだろうか。三島由紀夫氏など、自宅の屋根に小さな天文台を造り、北村小松氏と毎夜円盤観測をしていたという。

自分を知的人物であると任じているタイプの人間というのは、一般大衆の間に流行しているようなものをさげすみ、まだ、誰も手をつけていないような趣味に没頭する、いわゆるエリート主義的な傾向がある。また、知的活動に日常従事していてくたびれた脳を、たあいないお遊びで休めようということもあるだろう。しかし、とはいえ三島氏ほどの作家が、みんなと手をつないで夜空に向かって、

「ベントラ、ベントラ、スペース・ピープル」

などと真剣に呼びかけている姿（「『空飛ぶ円盤』の観測に失敗して」新潮社決定版三島由紀夫全集〈32〉所載）というのは、ちょっと尋常でない。

救いやはけ口だったUFO

前記インタビューの中で、星新一氏は、自分も含めて、当時の円盤研究に足を踏み込んでいた人々に共通する心理を、こう分析している。

「……まあいろいろと、一言ではいえないようなものがあったんじゃないかな。ぼくの場合には、親父が死んだあとの会社の整理ということが、かなりの部分を占めていたし、空飛ぶ円盤の会を始めた荒井（欣一）さんの場合は、お嬢さんがストマイという薬の副作用で耳が不自由になられたとかで、〝本当に宇宙人が来てくれりゃ助かるのになあ〟なんてなにかの折にふっと漏らされたことがありましたね。それから柴野（拓美）さんにしても、ずっと喘息に悩まされていたりとか……みなさんそれぞれに、なんともやりきれないものを背負いこんじゃって、その救いとかはけ口とか、そんなものもあったんじゃないかという気がします」

そして、

「むしろUFOを全面的に信じている人は少なかったみたいですね。興味はすごくあるけれども、どこかに疑う部分をもっていた」

と証言している。

インタビュー中で触れられているように、星氏は１９５１（昭和26）年、父の星一氏が急逝したため、東大大学院を中退し、会社を継いでいた。当時の星製薬は経営が悪化し、破綻状態。会社を他人に譲るまでその処理に追われていた毎日だった。

「この数年間のことは思い出したくもない。わたしの性格に閉鎖的なところがあるのは、そのためである」（早川書房『世界ＳＦ全集28』解説）

こういう経験をしていた時期の星氏だったが故に、空飛ぶ円盤という、文字通り、〝浮世離れした〟存在の研究に没頭し、逃避したがったというのは至極当然のことと考えられる。

しかし、星新一氏の理性は、そんな浮世離れしたことを研究しながらも、地に足をつけた思考を決して失わなかった。１９５８年、ＪＦＳＡの会誌に寄稿された「円盤を警戒せよ」という文章で、星氏は、円盤は愛と平和の使いであり、地球人に友好を求めているのだ、という友好論に、真っ向から冷や水をあびせている。

「円盤の実在については疑う余地がない。しかし、それが平和の神であることについては大いに疑問を持つ。たしかに攻撃されるより平和をもたらしてくれた方がいいにきまっている。だがあって欲しいということと、あるということとは全く別だ。世の中にはこの区別がつかなくなる場合が多い。理性が麻痺した時だ。恋愛などが好例だ。愛して欲しいとの思いが、いつの間にか愛されていることになってしまい、あとで、話がちがう、ひどいやつだ、とゴタゴタする。円盤平和説も同様。

社会が複雑になって圧迫が多く、戦争の危機が迫ったと叫ぶ連中もでてくる。しかし個人の力ではどうにもならぬ。ここで力と善意とを兼ね備えた理想的人物が現れて欲しいと思う。だがそんな奴はいそうにない。ああつまらない、と思った時、UFOが飛ぶ。腹の空いた時は何を見ても食物に見え、元気な満足されない青年は何を見てもSEXを連想するものだ。UFOが人間は――日本人はかな――なんて人がいいんだろうと感心していることだろう」（別冊新評『星新一の世界』収録）

もちろん、ここで星氏がわざわざ友好論を否定してみせざるを得なかったのは、最初の著作が翻訳されてから3年という短期間で、アダムスキー主義が円盤信奉者たちの間でいかに広まっていたか、を示す傍証になっている。この時期、アダムスキーのコンタクティ理論に賛同していた人々というのは、いったいどういう人々だったのか。

日本UFO史の暗部「CBA」の誕生

当時の日本において、アダムスキーを最も信奉していたのは、JFSAに遅れること2年、1957（昭和32）年に結成された、〝宇宙友好協会（コスミック・ブラザーフッド・アソシエーション。略称CBA）〟という団体である。

この団体こそ、後に日本UFO史の中の暗部として知られることになる団体である。その起こした事件の顚末について、テレビなどのUFO番組への出演も多い、たま出版社長の韮澤潤一郎氏は、雑誌『MU』の1992年8月号で、泉麻人氏のインタビューに答え、〝CBA問題〟という名称でそのことを語り、「一種の社会問題を引き起こしたんですよ。私はそのころ高校生で、東京でそういう会合があるというと出てきて、いったいどうなんだろうというふうに、固唾を飲んで見守っていた」

と証言している。彼らは大洪水による地球滅亡、そして宇宙連合の空飛ぶ円盤による救済を主張した。読者の中には、後に相似の事件として、UFOカルト集団がヘールボップ彗星に隠れてやってきたという宇宙船に乗り込み高次の世界に行く、と称して集団自殺したヘブンズ・ゲート事件（1997年）を連想される方もいらっしゃるかもしれない。まさに、この事件はそのようなUFOカルト集団事件のさきがけをなす、大掛かりな騒動であり、死者こそ出なかったものの、彼らを信じて、どうせ地球が破滅するならと学校に行かなくなってしまった高校生（空飛ぶ円盤研究会のメンバーだった）や、家屋敷を売り払ってその日の来るのを待っていたという北海道の商人の家族まであったと言われており、実質的被害も及ぼしているのである。

なぜ、〝平和と愛〟を唱えるはずのコンタクティが、このような騒動を引き起こしてしまったのか、また、その事件が、その後の日本のＵＦＯ研究にどのような影を落としたのか、少し、この事件を詳しく追うことで考察してみたい。

科学派VSコンタクト派

ＵＦＯ研究団体は一般に、ＵＦＯの存在を科学的、実証的に研究しようという〝科学派〟と、ＵＦＯの存在を前提に異星人とのコミュニケーションを目指す〝コンタクト派〟とに大別される。ＪＦＳＡも、また高梨純一氏の設立した、これも日本ＵＦＯ研究団体の草分け「近代宇宙旅行協会（ＭＳＦＡ。どうもこういう団体は名称が似通っていてややこしい）」などが前者の代表で、ＣＢＡは後者の代表格である。ＣＢＡは何しろ代表の久保田八郎氏がアダムスキー本人と直々に文通していたほどの信奉者であるのだから、それも当然だろう。コンタクト派の代表団体として設立されたＣＢＡは、設立の翌年（１９５８

年）には、アダムスキー本人の来日講演会を企画するが、これは300ドルの旅費の負担金（当時の日本円で10万8000円。今の金額に直すと200万円ほどか）が調達できず、中止になっている。ここらでCBAは、会の運営には金が必要であり、それを集めるには政財界や文化人などを取り込むのが早道、という方針に転換したようだ。

そして、彼らは何と実際に、資生堂常務（後、5代目社長）の森治樹を取り込み、会誌『空飛ぶ円盤ニュース』に資生堂の広告を入れ、広告費の名目で資金カンパを受けることに成功する。森治樹と言えば、文化人実業家として当時有名であり、多くの画家や音楽家のパトロンとして知られていた。その趣味の中に空飛ぶ円盤も入ったわけであり、61年にCBAは森の紹介により経済同友会のお歴々（三菱造船副社長の野村義門、日本原子力発電副社長の一本松珠璣など）を前に、〝円盤宇宙人問題に関する説明会〟を開いた、というから驚く。ソニーの盛田会長がオカルトにハマっている、といったレベルとは話が違うのだ。

なぜ、空飛ぶ円盤研究団体のほとんどが資金面で苦しんでいたのに、また、自分たちも一時は10万円程度の金を捻出できなかったのに、いきなりこのような経済界の大物たちにパイプを作ることができたかというと、そこに、CBAのカリスマと言われた、後の代表にして、日本最初の大規模コンタクティである、松村雄亮という人物がファクターとして加わってくる。日本人としては珍しい、劇場型カリスマ性を持ったタイプの彼の人物像は、ある意味、非常に興味深いものがあり、私は彼を日本UFO史の中のトリック・スターとして位置づけたいと常々思っているのだが、先を余り急いではいけない。話を戻そう。

日本UFO史のトリック・スター松村雄亮

彼・松村雄亮は、父親・松村信男の代から、スイスのジュネーブで発行されていた航空専門誌『インタラビア』の日本通信員だった。戦前からの歴史を誇るこの雑誌は、中立国での発行故に、当時冷戦を繰り広げていた東西両国の航空機情報が掲載されるという特色を持っており、各国の政財界の人々はみな、この雑誌に記載される航空機情報に見入っていた。新型航空機の開発が、即、国力の差につながった時代だったのだ。その雑誌の通信員という立場上、松村は、政財界の人間たちに太いパイプを持っていたのである。

雑誌『地球ロマン』復刊2号での座談会で、ジャーナリストの中園典明氏が、この、CBAへの資生堂の資金協力のことにふれて、現在（1976年当時）の資生堂も森治樹も必死になって否定していることに対し、

「僕は、この前森に電話して聞いてみたんだけど、いや自分はCBAに集っている青年のひたむきさに打たれて、ほんの少しめんどうみただけで、松村なんぞよく知らん、もともと自分はCBA自体とは何の関係もないとか言うけど、トボけるんじゃないと言いたいですな。しょっちゅうCBAの幹部が、〝ふだんからひとかたならぬお世話になっている〟資生堂の森専務に活動報告に参上ということが、ちゃんと機関誌に出てる。座談会もやってるし、寄稿もしてる。セレモニーには必ず来賓として出席している。機関誌には毎号、資生堂の広告がのっている。それでもトボけるところを見ると、自分の金じゃあなしに、資生堂の金を流していたんだろうと思う。別にそれが悪いとは言いませんがね」

と言っている。オカルトや超科学に、企業のトップが興味を持って、そこに金を注ぎ込むことは、別段珍しいことではない。ちょっと思い出しただけでも、先ほど書いたようにソニーが社内に超能力研究所を作っていたのは有名だし、イチローが大好物というおかきを作っているおかき問屋の老舗《しにせ》、播磨屋の社長・播磨屋助次郎氏が天皇陛下を中心にした地球環境問題解決というかなりぶっ飛んだ自説を著書やサイトで展開させているのも、マニアックなファンにはよく知られている。ソニーのような、科学技術を売り物にする企業が、超能力のようなあやしげなしろものに金を使うのはいかがなものか、という声は強い。

とはいえ、それらはほとんどが事業主自身、大概はワンマン的事業主がオカルトにハマって、他の人々を巻き込んでいるという、ある種苦笑ものの迷惑行為だ。このCBA事件においては、企業が完全に〝ハメられた〟事件である。言ってみればM資金事件（GHQが終戦後、旧日本軍から接収した莫大な金額を融資すると持ちかけてくる詐欺。日産自動車、大日本インキ、NKKといった大企業のトップがこれに引っかかっている）に似た事件なのである。企業の経営者として、詐欺に引っかかるということはオカルトにハマるよりも恥ずかしいことであるのは言うまでもない。隠したくなるのも当然かもしれない。

このCBA事件が、これだけ大掛かりな事件であったにもかかわらず、日本のUFO史、というより事件史からもほとんど抹殺されているのは、やはり、当時の財界人たちが多く関係している、という事実が裏にあるだろう。

UFO業界そのものが、この事件を忘却の彼方に葬り去ろうとしている。事件からそう時間のたっていない1973年刊行の、斎藤守弘『宇宙の使者』、74年刊行の池田隆雄『日本のUFO』（共に大陸書房）は、共に日本で起きたUFO事件や、コンタクティ事件にかなりの筆を費やしている本だが、CBA事件についてはどちらにも何の言及もない（『日本のUFO』などは参考文献にCBAの会報『空飛ぶ円盤ニュース』を挙げているにもかかわらず、だ)。

UFOカルトはオウム真理教と同じ？

UFO業界全体が、この事件について、あたかも腫れ物に触るかのような扱いをしているのが、実は前から気になっていた。UFOというものに対して、肯定派であれ否定派であれ、それ(宇宙人とのコンタクトや、それによる精神的な変化への願望)がカルトなもの、政治的に危険なものであり、一歩間違えば、オウム真理教などのような事件と同じ性格の騒ぎを起こす可能性がある、ということをひたすら隠蔽したがっているように思えてならないのである。要するに、あまたのUFO研究家、研究団体は、CBAのやらかした事件が広まることで、世間、もっと言えば為政者に、UFOが危険物であるという風に思われたくない、そんな思惑をもって、CBAという危険物を押し隠している、そうとしか思えないのだ。

しかし実は、これを外しては、〝UFOを信じる〞という行為の本質はつかめないのではないか。

「人がこれだけUFOにのめりこむのは、それがその人間にとって〝全てを変える〞、危険な存在だからなのだ」

ここを理解しないといけない。そして、その危険性をまさに、具現してしまったのが（甚大な被害がなかったのがせめてもの救いだが）ＣＢＡなのだ。

そもそも、私がＣＢＡ事件のことを知ったのは、１９７６（昭和51）年に紘映社という出版社から刊行されていた雑誌『地球ロマン』の復刊2号の「総特集＝天空人嗜好」の中にあった、「ドキュメントＣＢＡ」という記事によって、である。ＵＦＯカルトというものの存在は知っていたが、それが日本の、しかも日本が高度経済成長でいきいきと躍動していたこの時代に起こっていた、ということに、大きなショックを受け、そして、そこに描かれている、松村雄亮という人物のカリスマ的な怪・存在感に、非常なる興味を持ったのである。〝人間が、自分の存在を特殊なものとして集団に君臨しようとし、そのツールにＵＦＯと宇宙人の存在を利用する〟という、アダムスキーの発見した方法の、極めて正統な模倣者、という感じがしたのだ。

「と学会」と共に糾弾された人物とは？

それはともかく、情報の少なさを嘆きながらも、折に触れ、私はＣＢＡに関する文献を集め始めた。いまのところ、ある程度まとまった文献としては、この「ドキュメントCBA」の他には、一時CBAの思想に同調していながら、やがて裏切り者として切られていった、仏文学者で円盤研究家の平野威馬雄氏の著書『それでも円盤は飛ぶ！』（高文社）が〝事件〟以前のCBAの姿をうかがうのに適しており、また自らのことを〝サーティーン様〟と呼ばせていたという松村の腹心だった（自分に次ぐ者、という意味だろう、№14と松村に呼ばれていたという）楓月悠元《ふうげつゆうげん》の『全宇宙の真実　来るべき時に向かって』（たま出版）が、いまだ松村に対する崇拝をやめていない信者による証言（解散時の様子など）が読めて貴重だった。この本は前書きで、私も所属している〝と学会〟のことを（こういう人たちの例によって〝トンデモ学会〟と誤記して）クソミソに言っているのだが、もう一人、クソミソに言われている人物がいる。

「CBAが発会して間もない頃であった。筆者は一度も会ったことがないが、一人の物書きが入会していた。最近、彼は別人の名前で、ニコラ・テスラに関する本を出版した。その本の中で、おのれの過去を回顧して、〝CBAという研究団体に所属していたことが真に恥ずかしい〟と、それこそ恥ずかしげもなく述懐している。彼はいったい、自分が行った反逆行為というものを反省することが出来ないのであろうか？　彼は、責任者からの厳重なる警告を完全に無視して、CBAの内容を独断的に歪曲してマスコミに流してしまったのである。〝CBAの会員は自分たちを扱ってもらうために田畑を売った〟とか、〝近いうちに世の終わりが来るならば学業に精を出してもしょうがないと学校を休んでしまった生徒がいる〟とか、そのあまりの邪悪な言動のゆえに、最高責任者は公的な立場から厳しく彼を叱責したのであった。ところが、彼らは私的な感情から叱責され、または阻害されたと勘違いし、素直に謝るどころか、彼らの出版物において自己弁護した。何という卑劣な人間たちなのであろう！」

……かなり激高した筆致であるが、この、〝ニコラ・テスラに関する本を出版した〟物書きというのは、おそらく新戸雅章氏であろう。彼はマガジンハウス社から1995年に出した『ニコラ・テスラ未来伝説』の中で、中学校時代、ある少女の誘いでCBAに入会させられそうになった顚末を語り、そして、その本や、またジャパン・ミックス刊のムック『歴史を変えた偽書』などで、その後のCBAの活動を、オウム真理教事件の原型として位置づけている。確かに元・CBAの幹部としては怒らざるを得ないだろうが、しかし新戸氏は楓月氏の言うように、CBAに〝物書き〟として参加していたのではない。なにしろ新戸氏は1948年生まれ。自らの著書にあるように、CBA事件のあった59年当時はまだ11歳。もちろん物書きなどではなかったし、そもそもCBAに彼は所属していたわけでもなんでもない。ただ、1回誘われて彼らのUFO観測会に参加しただけである。「CBAという研究団体に所属していたことが真に恥ずかしい」などと書けるわけもないのである。

楓月氏が言う、CBAの活動内容をマスコミに漏らしたとされる人物は、これは当時、確かに物書きとして活動内容に深く関係していた平野威馬雄氏である。新戸氏のくだんの文章中にも、CBAに関心を持つにあたって、平野氏の『それでも円盤は飛ぶ！』を読んだことがきっかけになったと書いてある。どうも、それらのことがあって、楓月氏の脳内で、新戸氏と平野氏がごっちゃになり、新戸雅章が平野威馬雄の筆名である、と思い込んでしまっているらしい。困ったものであるが、しかし、基本的にCBAの活動については、全般を『地球ロマン』の記事で、前期を平野氏の著書で、そして後期から解散時までについてはこの楓月氏の著書で、ほぼ、その全貌は知ることができる。

前置きが長くなった。ここから、日本UFO史の暗部たる、CBA事件について、ご紹介していくとしよう。ただし、この団体の起こした事件というのは、実に多く、多岐にわたっている。新興宗教団体「生長の家」との論争事件などというのもあるのだが、それらはちょっと背景がわかりにくいので割愛し、最も社会的に話題になった、〝「リンゴ送れ」シー〟事件、そして、ハヨピラのＵＦＯピラミッド騒動の二つについて、次章で述べることにする。

第5章　UFO群、ピラミッドに舞う！

宇宙人が伝えたいこと

ＣＢＡが結成されたのが１９５７（昭和32）年の8月。すでに日本には荒井欣一氏を代表とする「日本空飛ぶ円盤研究会（ＪＦＳＡ）」（１９５５年設立）、高梨純一氏を主宰者とする「近代宇宙旅行協会（ＭＳＦＡ）」（１９５６年設立）などのＵＦＯ研究会があり、3番手に甘んじてはいたものの、このＣＢＡには、他の2団体にはない、大きな特徴があった。それは、ＪＦＳＡ、ＭＳＦＡの2団体が共に、ＵＦＯの存在や宇宙人の地球来訪を、信じてはいても、それを盲目的に唱えようとはせず、円盤写真や目撃例に対しても、可能な限りそこに科学的な検証をほどこし、それが正しいのか、それとも見間違い、デッチあげといった偽物なのか、白黒をはっきりつけ、つかないものに関しても確証がなければそれは保留扱いにする、という、実証的、かつ科学的な方針でいた（特にＭＳＦＡは主宰者である高梨氏の性格から、その傾向が顕著であった）のに対し、ＣＢＡは、最初から、「宇宙人の存在とその地球来訪をまず前提としてとらえ、彼らが何をわれわれ地球人に伝えようとしているのか、その内容を問題とする」

ことを目的としていた団体であった、ということである。

これは、CBAを立ち上げた人物の一人が、久保田八郎氏であったことを考えれば当然とも言える。久保田氏は、アダムスキーと親しく文通し、日本におけるその思想の普及に一生を捧げたといって過言でない人物であった。普通、一般社会人のUFOファンであれば、アダムスキーに関しては信奉者であっても、そのあまりの宗教臭の強さと、言っていることの非科学的な内容とでいくぶん腰が引きぎみになることが多いが、久保田氏は、1953年にアダムスキーの『空飛ぶ円盤同乗記』を原書で読んで、感動のあまりアダムスキー本人に手紙を送り、それから親しく文通を続けて、ほとんどアダムスキーの日本の代理人と言える立場になった人物である。ただし、死去した年の1999年、ごま書房で秋山眞《まこと》人氏（久保田氏が華々しくマスコミに紹介したUFOコンタクティ）が責任編集者を務めたムック『SP精神世界』に聞き書きという形で掲載された自伝を読んでも、例によってCBAのことは事件のことも含め、設立者なのにもかかわらず団体名すら記載がない。それは、これから述べる事件などのあと、一時久保田氏がCBAを統括する代表になったが、やがて松村一派に、アダムスキー派の久保田氏が、

「アダムスキーはブラック（善意の宇宙人たちによる団体「宇宙連合」に敵対する、オリオン座系の宇宙人たちの手先）である」

として追放された（61年）という経緯から言って、仕方のないことであるかもしれないけれど。

みんなUFOに熱狂した昭和30年代

それはともかく、このCBAの設立は、空飛ぶ円盤に、好奇心から興味を持ったというレベルの一般人には、まさに干天の慈雨、というと大げさになるが、待ってました、というべき存在となった。円盤騒動をエンタテインメントとしてとらえ、ある日円盤が庭先に飛んできて、大騒ぎになったりすれば面白いのになア、などと思っている一般庶民、また、宇宙人という異常なものの出現で、世の中の価値観ががらりと変化することを待ち焦がれているような、いわば宇宙人という名の〝神〟を求めているような人間にとっては、科学的な実証性を何より重んじるJFSAやMSFAの態度は、まだるっこしい限りだったのである。せっかちな大衆は、こむずかしい科学的な談義を求めているのではない。一足飛びに結論を、と求めるのである。CBAが発足した昭和32年という年は、各地の都市にアスファルト道路が普及し、モータリゼーションが日本を席巻していた時代だった。当時、大阪で人気を博していた漫才師に三遊亭柳枝・南喜代子のコンビがあったが、彼らのネタに「スピード時代」というのがある。実証を飛び越していきなりコンタクトばなしを信じるところから始めるＣＢＡは、まさに、このスピード時代に適したＵＦＯ研究団体だったのである。

ついでに言えば、すでにこの時期には、空飛ぶ円盤という言葉、概念、宇宙人という存在は完全に、一般社会に浸透し、共有イメージとして創作物などに使われていた。宇津井健が宇宙から来たスーパーヒーローを演じた映画『スーパージャイアンツ』の第3作、『スーパージャイアンツ　怪星人の魔城』が公開されたのが１９５７年。この作品では、空飛ぶ円盤に乗って宇宙人が攻撃してくるのだが、その目撃報告に対し、国会で議員が、「空飛ぶ円盤などを見るという者は百姓や漁師といった、無教養な者ばかりです」と言ったりする。一方、テレビでは『月光仮面』の制作会社、宣弘社がその制作番組第2弾として、宇宙からやってきたヒーローを主役にした『遊星王子』を放映開始したのが翌58年。この作品の主題歌の3番には、〝♪光り輝く海原をキンキン飛ぶよ空飛ぶ円盤〟という歌詞がある（作詞・伊上勝）。どうして空飛ぶ円盤が海原を飛ばねばならないのかわからないが、そういう理屈を超越したところに大衆文化のパワーはあるのだろう。

理屈を超越したと言えば、当時まだ子供たちにとって身近な娯楽だった紙芝居にも、空飛ぶ円盤は登場している。

ポンチと呼ばれる、4コママンガのようなものに相当するギャグ紙芝居で人気シリーズだった『キンちゃんコロちゃん』という連作の中に、空から突如降ってきた、巨大なパチンコの玉のようなものを、主人公のキンちゃんコロちゃんが川に投げ込んでいたら、空に円盤が浮かんでいた、というシュールなオチである。

円盤のデザインはアダムスキー型であったから、たぶん紙芝居絵師が、あの円盤の下にある丸い球はなんだろう、と考えて、パチンコ球との関連性を見出した（？）のかもしれない。とにかく、この時代、雑誌やテレビ、映画など、ありとあらゆるメディアに、宇宙人と円盤はどんどんと侵略を開始していた。さっぱり姿を現してくれないのは、〝本物の〟宇宙人だけ、だったのである。そのフラストレーションがCBAを大きくした、と言っていいと思う。

三島由紀夫も参加した「空飛ぶ円盤観測会」

初期CBAがマスコミなどにアピールしたのは、彼らの活動の大きな一環として行われていた、「空飛ぶ円盤観測会」だろう。いつ、どこに現れるかも知れないUFOを、ひたすら偶然に頼って待つのではなく、こちらから呼びかけて、出現させてしまおう、という、非常にアクティブな考えから出た企画である。今でも、ＵＦＯの話をするときに、誰か彼かの口をついて出る、

「ベントラ、ベントラ」

という呼びかけは、実にこのＣＢＡの発案なのである。観測者が５、６人ずつ輪になって背中合わせに手をつなぎ、夜空を眺めながら精神を統一、こう唱える。

「ベントラ（これは宇宙語で、宇宙船の意味だという）、ベントラ、スペース・ピープル、こちらはＣＢＡ、こちらはＣＢＡ。ただいま東京郊外××地点にて皆様からの応答をお待ちしています。熱心な会員の皆さんが、宇宙船の皆様とのコンタクトを切望しています。どうか、△△の上空に現れたときのように、すぐわかる飛行編隊で現れてください……」

先にも書いたが三島由紀夫氏もたびたび、この円盤観測会に参加したという。しかし、こういう突飛な行為は、空飛ぶ円盤をネタにしようと思っているマスコミには、格好のネタ提供となる。ＣＢＡの活動は、次第にさまざまな雑誌や新聞等に、面白半分、冷やかし半分とはいえ、取り上げられるようになっていった。先に挙げた平野威馬雄氏がＣＢＡの活動を知ったのも、そんな時期だった。そのあたりのことは、『それでも円盤は飛ぶ！』

に詳しい。平野氏の円盤趣味仲間で、平野氏も出演していたNHKのお笑いクイズ番組『とんち教室』のディレクターだった中道定雄氏が、JFSAの活動の歩みの遅々たるありさまに憤慨して、

「ぼくは、もう待ちきれなくなったよ。円盤についてこんなにまで熱心なのに、一向に姿をみせてくれないんだ。（中略）こんなに熱心に待望し、信をよせているぼくたちの前に、なぜ姿をみせてくれないのだろう？　宇宙人なんて、いいかげんなものだな」

と言うところから、述懐は始まる。

ちなみに、この時点で、ケネス・アーノルド事件によって〝空飛ぶ円盤〟という概念が世界中に広められてから、ほぼ10年の月日がたっている。いま現在、UFOを信じている人々は、もう開き直って、ここまでくれば後は一生待つから、とでも言うような心持ちでいるのかもしれないが、当時のファン（あえてこう言う）たちにとっては、もう明日にも空飛ぶ円盤が着陸して、宇宙人とのコンタクトが、と思って固唾をのんでいただけに、いつまでたってもその存在が確認されない、というのは、どうにも気の揉めるものであったろう。平野氏も、中道氏をなだめるのに、当のJFSAの会員でもある小林敬治氏の文章を引いている。

「古くさい表現で恐縮だが、隔靴《かっか》搔痒《そうよう》という言葉がある。UFOに関心をもてばもつほどこの言葉がピッタリ実感となる。何とか少し事態がハッキリしないものだろうか。真相の一端でもよいから知ることはできないものだろうか」

「仮説から推論へ……その大切なことは百も承知している。が、UFOに関してはその仮説にもあきあきしたような気がする。知りたいのはホンのチョッピリでもいい。事実！ ただそれだけ！」

「一体円盤に乗ってわれわれの遊星を訪問してくる連中は何のつもりなのだろう。この十年間だけではなく、恐らく何世紀も前から遠い空間を越えてせっかくやってくるのになぜハッキリした挨拶ひとつないのだろう。多くの目撃例にもあるように、地球人に気づかれたと知ると逃げてばかりいる。三十六計逃げるに如かず——彼等の宇宙旅行の案内書の第一ページにはこうとでも書いてあるのだろうか。そんなに地球人が恐いのか」

実証第一主義のJFSAの中にも、こういう憤懣《ふんまん》を抱いている人がいた、というのは非常に興味深い。もちろん、最後は、

「この広い空のどこかに私たちの知らない大きな謎がかくされている。そしてそれを解く鍵は明日の私たちの手に握られているのだ。こう思うと小娘のように胸がわくわくしてく

る。そうだ長生きをしよう！」

と、希望を未来に預けてしめてはいるものの、10年という時間を経て、UFO研究にひとつの区切りが求められていたのは事実であろう。CBAは、まさに、その〝求められる〟ものを与える組織として出発したのである。

宇宙人は地球に来ている？

そして、待ちに待ったその〝時〟は来た。

その中心となったのは、やはり松村雄亮だった。松村という人物の性格は、いわゆる傲岸、独善といったものだったようだ。JFSAの代表・荒井欣一氏によれば、この団体が創立された1957年、新聞で彼らのことを知った荒井氏が、同じ円盤を研究するもの同士、協力しあいましょうと手紙を出したところ、松村から、

「あの新聞記事は当会のメンバー数を、末尾のゼロをひとつ落として20人と記載したので訂正を申し入れているところだ。われわれは会員数200名を誇る大団体であり、小さな団体とは協力できない」

という返事が来て、鼻白んだという。ちなみに、こまめな荒井氏は、その紹介記事を掲

載した新聞社に確認の手紙を送り、ゼロを書き落とした事実などないことをつきとめているという。それでも、当初のCBAはまだ温和な団体で、日本各地の空飛ぶ円盤研究団体の相互連絡と親睦をはかる「全円連」なる組織にも参加していた。

先にも言ったが、CBAの、他の研究団体と異なる大きな特徴は、空飛ぶ円盤が実在するかどうか、それが果たして宇宙人の乗り物なのであるかどうか、実証的につきとめようと研究活動をしていた他団体と比べ、かなりラディカルに、

「すでに宇宙人は地球に来ており、地球人の何人かはその宇宙人とコンタクト済みである」

ということを、その活動の出発点にしていた。この思想は、例のアダムスキー思想の借り物であり、実際、初期にこのCBAを引っ張っていたのは、後にここを脱会して、アダムスキー思想を元にしたUFO研究団体日本GAPを設立する、久保田八郎氏であった。とにかく、アダムスキーを信じるとするならば、すでに地球にUFOに乗って宇宙人が来訪していることは明確であり、今更その真実を云々している場合ではない。アダムスキーの言う通り、宇宙人が地球にメッセージを送っているのであれば、われわれは一刻も早く、そのメッセージの示すところの使命を果たさねばならない、というのが初期の彼らの主張

であり、スタンスであった。

まず疑わずに信ぜよ

この、CBAの主張にある宇宙人とそのメッセージの性質というのは、実際に60年代にCBAに籍を置いたUFO研究家、天宮清氏のまとめによれば以下のようなものであったようだ。

1　外見は我々地球人となんら変わらない。女性も男性もいる。日本人にとっては外国人風に見える。

2　地上に配属される複数の宇宙人がおり、交代制であるらしい。

3　人類側は「まず協力する」という意志表示と行動が優先され、証拠や、宇宙人と会見して考える、という順序では着《(ママ)》いて行けない思想であること。

4　基本的に「地球のことは地球人がやる」べきであり、彼らは地球人が自ら行うのを援助する立場であること。したがって自ら問題意識に目覚め、自覚する問題であり、強制は一切ない。

……この中で目を引くのは〝3〟だろう。宇宙人からのメッセージは非常に緊急を要し、いちいちその実証などに時間を費やしている暇はない。絶対的に信ずる者のみが、真理に向き合うことが出来る……。第3章でアダムスキー信者たちのサイトに、似たような文言があったことはすでに紹介した。

「まず（疑わずに）信ぜよ」

これこそまさに、信者に正常な思考と判断力を放棄させる、カルト宗教の常套手段である。そして、それだけの強制を課しておきながら、その決定は〝4〟にあるように、

「自ら問題意識に目覚め、自覚する問題」

とされ、教団（CBA）側は、

「強制は一切ない」

として、責任を逃れるのである。

なんでこんな、自らの判断を一切封印されるようなカルトな考えに人々がハマるのか。

――それを説明すると長くなるので、大きく端折れば、人間にとって、そもそも、自由という概念は、全ての責任もまた自分が背負わねばならぬ、面倒なものだからである。自

由というものは、単なる勝手気ままを意味しない。自分の判断と決断が誤っていた場合の責任を、自分がとる、という義務を、常に背負うことになる。自分の能力や判断力に自信のない、ごく一般の人間にとり、そのような責任全てを自分が負うなどということは、文字通り荷が勝ちすぎることなのだ。誰か、自分に代わるリーダーがその決断を引き受けて、自分はそれに従うだけでいい、という立場になれば、人間は、自由を失うかわりに、責任という大きな重荷から解放されるのである。これが、組織というものを成立させている要素であり、そういった組織の究極の形がカルト宗教である。そもそも、このカルト宗教のシステムを最初に取り入れて、〝神〟の概念を〝宇宙人〟に置き換えるということをしたのはアダムスキーだが、CBAは、そのアダムスキーのやり方を、よりシステマティックにして取り入れたと言っていいだろう。

しかし、空飛ぶ円盤だの宇宙人だのという、いわば一般には非常識的でしかない思想に人をハマらせるには、普通のやり方ではいけない。そこには、トランセンデンタル（超越的）な〝何か〟がなくてはいけない。常識を超えた体験をメンバー全員が共有したときに、人はもう、一般社会（常識を元にした社会）には戻れなくなる。

それが、CBAにおいては、松村雄亮のコンタクティ体験であった。1958年、松村は宇宙人からのテレパシー通信により横浜に赴き、そこで「宇宙連合」の代表者と面会をしたのである。その席で、彼ら宇宙人たちは、松村に、地球の大変動のことを初めて告げたのであった。

「地球救済」を宇宙人から任命された人物とは?

人間は、結びつきが強固な集団内において、ある一人の体験を共有してしまうことがある。例えば、家族のみんながバスに乗っていて事故に遭遇し、その強烈な体験を後に何度も話題にのせるとき、家族中、一人だけそのバスに乗り合わせなかった者も、やがては、そのバス事故の経験を、あたかもみんなと共有しているかのように語るようになる、という現象である。参加者全員の神経が高ぶっているカルト的な集団においては、カリスマ的指導者の語る体験を、あたかも集団のメンバー全員が経験したものであるかのように感じてしまうことがあるのだ。

ともかくも、カリスマ指導者・松村雄亮のその体験は、CBAのメンバーたちに異様な影響を及ぼした。もともと、宇宙人の存在を〝頭から〟信じ込むことを強制されていた彼らは、その、松村に伝えられたメッセージを、自分が直接、宇宙人から伝えられた、トランセンデンタルな体験として受け取ったのである。ましてや、松村は、その後またもや宇宙人が自分をUFO母船に招き入れ、〝CBAのメンバーとともに地球救済の準備を託す〟と言い渡された、と告げたのである。

ちっぽけな自分が地球救済の準備を行うという、名誉ある大仕事をまかされるのである（もちろん、その仕事を引き受けた責任は、リーダーである松村のものであり、自分たちにはない）。実際の社会的任務であれば、果たして自分にそんなことが出来るか、心配にもなろうが、なにしろ全ては宇宙連合からの委託という、地に足がついていないような、夢物語的な任務である。実際にどのような仕事をすればいいのか、イメージが湧かないだけに、単に奮い立つような高揚感のみが味わえる……。これにより、CBAの暴走は決定づけられた。

会合に集まった数十人のメンバーに対し、幹部がレイ・スタンフォードの訳書を示しながら、カタストロフ（CBAはこれを、頭文字の〝C〟で表現した）が間近に迫っていること、その準備が急務であることなどを説き、団結と協力を促した。そのCの期日は、1960年から62年の間であると説明された。

地球が横倒しになる？

スタンフォードの訳書とは、1959年に彼が弟のレクスとの共著という形で出版した本をCBAが翻訳出版した『地軸は傾く？　宇宙人から地球人への指針』という本だ。

1954年から56年にかけて、スタンフォードがテレパシーで宇宙船と交信をし、アラムダとセリリウスという名前の二人の宇宙人から告げられた内容を記したもので、地球の自転軸が急速に傾き、地球は横倒しになった状態となる。その結果、当然のことながら、地球上には大天変地異が起こる、という内容である。

「では一体宇宙人は地球の将来を何と見ているのでしょうか。一口に云って、まず当然起ると思われるのは大規模な『地核変動』です。すなわち、今日あるいは近き将来に突発する変動には幾つかの理由があります。遅かれ早かれ地球はこのような変動の「周期」を通過するのです。まさに私たち地球人類は現在、突発的に発生する様々な大変動の局面、つまり、地球の進化過程の一時期に突入しつつあるのです。(中略）これらの異常現象は1958年を通して増加の一途をたどり、はっきり証明されてくるでしょうし、その強さもここ数年間増大し続け、最も影響の大きい「地軸傾斜」はここ数年内に発生するでしょう。

しかし大規模な変動は恐らく196X年に発生し、小規模な変動はそれ以前にも突発するかも知れません」

いったい、なぜ地球はそのような大災害に見舞われるのか。ここが大事なのだが、スタンフォードは、それらの災害が、地球と地球人が新たなる段階へと〝成長〟するための、くぐり抜けなければならぬ試練だ、と説く。

「宇宙人は、これらの地球の『運命変動』は必ずそれを通過しなければならないのだという見解を懐いています。宇宙人の方ではすでに用意万端整っているのですが、宇宙人が盛んに地球に接近している一つの理由は、宇宙人の忠告を素直に受け入れようとする心開いた人々の準備活動を援助するためなのです」

大災害の予言をするのは、その予言をした者（宇宙人、そしてその言葉を伝えた者）を信じる者と信じない者に区別し、信じない者どもを滅ぼして、信じる者たちだけが救われ、さらに高度な存在へと進化を遂げるのだという。

「それは多くの人々にとって或いは恵福でもあり、或いはまた災禍のいずれでもありえます。でもその過程を通過した結果は全体として望ましいものとなるでしょう。何故なら、私たちは、この過程に私たちの地球から消極的な諸要素を綺麗に払拭する、いわゆる遊星の〝大掃除〟であり、その準備が必要だと宇宙人から教えられているからです」

これは要するに、聖書にある〝ノアの箱船〟のエピソードにある大洪水の、宇宙規模版だというわけだ。聖書では神を信じたノアの一族のみが生き延びるが、今度は、それが宇宙人と空飛ぶ円盤を信じた者のみに与えられる救済なのである。

カルト化したCBA

カタストロフの後には、当然のことながら楽園が待っている。

「この『遊星大掃除』の結果は一体何でしょうか。それはおよそ地球人類が地球上ではかつて見たこともないような地球の全文明的な大発展の黄金時代の訪れであります。すなわち、栄光に満ちた地球人類の新時代でそれは愛深い相互理解と輝かしい光明の時代です」

こういう考えの行く末がカルト宗教であることは言うまでもあるまい。CBAは、宇宙人によってもたらされる災害の後に、自分たちの支配する新時代が到来すると信じた。

オウム真理教は、災害がなかなか起こらないことに業を煮やし、なら〝自分たちでハルマゲドン(最終戦争)を起こそう〟と考えた。この二つのカルトの差は、そこだけに過ぎない。ともかくも、CBAメンバーたちには、そのCは全地球的規模の大洪水であり、これによって陸と海が入れ代わるほどの大変動が地球にもたらされるが、会員とその家族は、その前にUFOで飛来した宇宙の兄弟たちによって救出される、と告げられた。

そして、救出の具体的手順も説明された。Cの期日10日前に『「リンゴ送れ」シー』という電文が会員の元に届けられる。その時は登山の用意をし、1週間分の食糧を持って、家族とともに指定の集合場所に行くこと。1週間前にはラジオ、テレビをはじめ、あらゆる報道機関を通じて、Cの到来が告げられる。その後、否定の報道がなされるが、最初の報道を信じて行動すれば一般人であっても救済される可能性が高い。救出された者は他の遊星で再教育を受け、地球に輝かしい黄金時代を築く……。

また、会員に密かに通達された注意事項には、降りてきたUFOが木の枝などにひっかかるといけないので、ノコギリを持っていき、着陸場所近辺の木を切っておくように、という、妙に具体的で情けない指示もあったという。……選ばれた人類を救うためにやってくる宇宙船が、木の枝にひっかかってしまうようなチャチなものだと思っているのだろうか。今から考えるとばかばかしいが、何か必死の局面に遭遇している（つもりになっている）者にとっては、そういった指示が現実離れをしていればしているほど、より、それを信じ込もうという気力を増幅させるだけの役にしか立たないものなのかもしれない。松村は、この当時、自分のことを会員たちに〝サーティーンさま〟と呼ばせていたそうである。

13はキリスト教的には縁起の悪い数であるが、敢えて自分のことをそう呼ばせていた彼の脳裏には、どういうイメージが浮かんでいたのだろうか。

だが、すでにこの時期、数百人の会員を有する（最初に荒井氏にかました松村の妄想的豪語は実現されたわけである）までになったCBAにおいて、こういう機密事項を、機密を保ったまま、会員たち全員に行き渡らせることは、不可能なことであった。〝トクナガ文書〟と呼ばれる、カタストロフ時の行動マニュアルが他団体にスッパ抜かれ、「宇宙友好協会の妄動を阻止せよ！」という、まるで左翼運動家のアジテーション文なみに過激なCBA攻撃、松村のコンタクト・ストーリィ論破の文章があちこちにまかれた。非コンタクト派の代表である高梨純一氏の筆になるものであった。

そして、その高梨氏の文などが効を奏したか、このままではCBAは単なる狂信集団となってしまう、と懸念した会員により（前記の如く平野威馬雄氏と言われている。このため、これ以降平野氏は会を追放になった）、1961年、この事実は産経新聞にリークされ、紙面で取り上げられて大きな反響を呼んだ。他の新聞や雑誌も一斉にそれに飛びつき、土地を売り払った金で円盤に乗せてもらおうとした男や、世界滅亡にショックを受けて試験を放棄する高校生、せめて生きているうちに遊ぶだけ遊ぼうと不良になった少女、といった話でマスコミは連日にぎわった。

さすがのＣＢＡも、これ以上この件を放置すると、危険団体として官憲の介入を招くと判断した。時あたかも60年安保で国中が揺れているときであった。冷戦はたけなわであり、東ドイツは東西ベルリンの交通を封鎖して、有名なベルリンの壁を建設した。大韓民国では、朴正煕が軍事クーデターを起こして独裁政権を樹立する。不穏な国際情勢の中、日本は１９６４年のオリンピックを何としても成功させて国際社会に復帰すべく、政治的危険団体を徹底して取り締まろうとしていた時期だった。組織犯罪対策のための規制法が設けられるかどうかで、世間はかまびすしかったのである。

60年３月、ＣＢＡは一連の騒動を、一部の過激な会員の暴走によるもの、として、騒ぎを起こした責任をとる形で大幅な体制の一新を発表。コンタクティ派とはいえ、穏健な性格で人望のある久保田八郎氏をトップに据えることで、事態の収拾をはかった。松村雄亮の野望は、ここについえたかに見えた……しかし、それから1年もしないうちに、久保田氏は自らのアダムスキー研究団体日本ＧＡＰを設立するかたちでＣＢＡを脱会、実質的には追放の形だった。そして、心霊派として、宗教と円盤思想の合一を唱える小川定時氏の短期間の会長就任（この時期にもいろいろゴタゴタがあった）があって、それもまた追放、再び松村がCBAの代表として返り咲くのである。カルト的人物のあなどれなさよ。

「実際に宇宙人に出会った」

松村の復活の原動力となったのは、やはり、

「実際に宇宙人に出会った」

という、そのトランセンデンタルな一事であろう。それがどんなに荒唐無稽でも、いや、荒唐無稽であればこそ、先の『それでも円盤は飛ぶ！』の中道氏や小林氏のようなじれったさに、程度の差こそあれ、さいなまれていたUFOファンにとっては、松村雄亮という人物は、ヒーローだったのである。

荒井欣一、高梨純一、そして久保田八郎という、日本のUFO史の草創期を飾った人々は、松村（の、自称）を除いて、誰一人、亡くなるまで自分ではUFOを目撃しないで終わった。荒井氏、高梨氏のような非コンタクティ派の人はもとより、コンタクティの始祖たるアダムスキー信者である久保田氏も、自身ではUFOも宇宙人も目撃していない。誰よりも純粋な気持ちでUFOの地球到来を待ち望んでいた彼らが、〝理性的・常識的〟すぎたが故にUFOを見られないまま亡くなったというのは、いささか哀れと思えぬでもな

い。しかし、だからこそ、会はカルトになることをまぬかれた。中でも久保田氏は、最終的には〝自分以外のコンタクティを認めない〟という主張となったアダムスキーを信奉していたのであるから、どう頑張っても、UFOを見ることはかなわない運命だったのである。

その理性の縁を、松村雄亮は軽く飛び越え、宇宙人のメッセージを伝えて、CBAを燃え上がらせ、そして危機に陥らせた。

マスコミの反響の余りの大きさは、このままでは、空飛ぶ円盤研究団体が危険団体と認識されて、円盤研究が取り締まられる状況になってしまうかもしれないと関係者をおびえさせた。50年代から活動をどんどんと活発化させてきたUFO研究団体が、この時期から、軒並みその活動を沈静化させるのは、この事件があったためである。もちろん、当事者のCBAも例外ではなかった。不幸中の幸いとして、警察沙汰にもならず、代表の二転三転の後、先に述べたように、松村雄亮がいよいよ全権を握ることになる。転んでもただでは起きない男であった。

面白UFO講演で信者を獲得

先に述べたような状況下で、派手な活動はままならないままの、松村体制の発足であったが、アイデアマンである彼は、手を次々に打っていた。最初の予言では地軸が傾き、大カタストロフが起きるはずだった年である1961年8月に、アダムスキーのオーソンとのコンタクトの証人の一人である、ジョージ・H・ウィリアムスン博士を来日させ、宇宙考古学（人類は古代から宇宙人の来訪を受けており、地球各地の古代遺跡には、その来訪の記録が刻まれている、という説）の講演を行わせたのである。これは、CBAの活動を、予言などを利用した派手なものから、地域密着型のものへとひそかに変更する手だてであった。

講演は朝日講堂に500名以上の聴衆を集め、徳川夢声（先に述べたが、日本における最初期の空飛ぶ円盤ファンの一人だった）の円盤漫談のような体験記を最初に語らせるという構成もしゃれていた。〝話術の神様〟と言われた人気スターの夢声をいわば前座に使う、という贅沢な構成は、実は夢声が顧問をしていたJFSAへの牽制だったのではあるまいか。先のカタストロフ事件における高梨純一氏に続き、今回のウィリアムスン来日に関しては、JFSAの荒井欣一氏から、博士に対しての公開質問状（彼の博士号はいつどこでとったものか、アダムスキー信奉者として、彼の持論である〝太陽は冷たい〟説などを、いまだ信じているのか、などというもの）が送り付けられていたからである。……それにしても、つい1年前にアダムスキーをブラックの手先と言って、その信奉者である久保田氏を追放しておきながら、ツラリとしてその盟友であるウィリアムスンを招聘《しょうへい》する、松村の神経の太さはさすがと言わざるを得ない。しかもこのとき、講演に先立って、ウィリアムスンは日光から北海道平取、九州阿蘇など、各地の遺跡を、彼の宇宙考古学の検証のために、回っていたのであった。もちろん、その日本を縦断する旅行には、ＣＢＡの幹部が同行して世話をする。費用はたぶんＣＢＡの全額持ちであったろう。このような贅沢が出来るのも、かのロッキード・グラマン事件の際も裏で暗躍したという、松村の人脈と金脈によるところであった。

この講演会で壇上に立った松村は、

「この会場にブラックが潜入しようとしている」

と、怒りをあらわにした声で言ったという。ブラックとはもちろん、荒井氏のことだ。かつては同じ全円連で共に円盤研究に邁進しようと手を結んだ仲間であったＪＦＳＡとＣＢＡの対立は、そこまで深くなってしまったのであった。

松村は、この時期にはすでに、

「自分のコンタクトはアダムスキーのとは違う性質のものだ」

と言い放つほどアダムスキーとは距離を置いていたが、それでもなお、アダムスキーの盟友であるウィリアムスンを招聘したモトは十二分にとった。ウィリアムスンのお墨付きをもらうかたちで、CBAは、北海道のアイヌの文化神であるオキクルミカムイが、古代に宇宙からやってきた宇宙人である、という説を会の基本学説として採用したのである。

北海道に建設された巨大なUFO神殿

松村は、会員たちの上に絶対的君臨をし、彼らを自在に操る手段として、神殿の建設という作業に会員たちを従事させる、という方法を選んだ。それは、かつて古代の王たちが、国民を駆り出して巨大な神殿を建設させたのと同様の方法だった。すでに宇宙考古学に心酔した松村〝サーティーン〟雄亮の意識は、自らを古代の帝王と合致させていたのかも知れない。

神殿は、信者たちだけの手によって作成されて、初めて価値のあるものとなる。平取の街に巨大なUFO神殿を造るという大計画は、業者を入れず、信者たちだけの手で行われた。土地の買収、地元民や自治体との交渉、電気を引き、水道施設を造る作業など、全ては会員たちのボランティアで行われた。上九一色村（現・甲府市富士河口湖町）に、オウム真理教が教団施設を作り上げたのと酷似した様子だったかもしれない。ただ違うのは、オウム信者たちが上九の村人から徹底して嫌われ、排除されたのに比べ、CBAは地元のアイヌ村の人々とも非常に友好的関係を結んで、完成の際の儀式などにも参加してもらっていることだ。あれだけの騒ぎを起こした団体なのに不思議だが、1963年当時の北海道の田舎の人達の人柄が、それだけよかったということだろう。

当時の作業に関わった人の記録によれば、しかし建設作業の多くは行き当たりばったりで進められたらしい。当初は地元の義経神社に祭られていたオキクルミカムイの石像をハヨピラ（北海道平取町）の神殿に移転させて、石像を中心にした施設を造るだけだったのが、やがてオキクルミの業績を讃えるオベリスクの建立へと発展し、最後にはUFOを招来するための（やはり三つ子の魂百までで、最後までこの団体はUFOを呼びたがっていたようだ）ピラミッドと広場の建設、と、次第に規模が大きくなっていき、そのたびに振り回される会員たちは大変であった。硬い岩盤をツルハシで割り、タガネで砕き、数センチずつ掘っていく作業は気の遠くなるようなものだったろう。しかも、デザインから設計まで、全ては素人の手でなされたのである。

しかし、彼ら信者がプロに勝る唯一のものが、信念である。最初、穴に埋めたベニヤ板を、〝水を吸うのではないか〟という松村の一言で全て撤去して普通の木材に変えたりという厶ダな苦労や、彼らの勝手な史跡破壊にクレームをつけてきた文化保護委員会との対立があったりした末に、着工からわずか1年半の短期間で、彼らは、北海道の地、オキクルミカムイ降臨伝承のある平取郊外沙流《さる》川のほとりに、直系15メートルの太陽円盤マーク花壇、全長7メートルのオベリスクを中心とした、記念公園ハヨピラを完成させたのである。松村の得意はいかばかりだったろう。完成記念式典で、彼は朗々とメッセージを読み上げた。

「現代もそして古代も変転する人類の歴史の上に燦然たる光輝に包まれ、天空を翔ける宇宙のブラザーを心より迎えんとする国際円盤デー17周年記念日の本日、古代原日本民族たりしアイヌの氏に伝承されましたオイナカムイ、アイヌラックルそしてオキクルミカムイたりし宇宙の偉大なる教師が、ここ沙流川を見おろすハヨピラの聖地に、カムイカラシンタに乗り、降臨された史実を、時代の最先端を行くユーフォロジー（宇宙科学）を通じ、究明したわれらCBA科学研究部門のメンバーは、その威徳を讃えんと、自らの手により昼夜兼行、突貫作業をもってここに栄えある記念塔を完成する運びとなりました……」

『全宇宙の真実　来るべき時に向かって』の著者、楓月悠元は、この時の模様をこう記す。

「一九六五年六月二十四日、太陽円盤を象った円形の巨大花壇の前において、厳聖なるセレモニーが開始された。このときである。いまだかつてない、無慮数百機の巨大な母船群、または円盤が次々と出現し、のべ千名をこえる人々によって目撃された。この現象こそ、かつて聖書に記述され、また描写されていた〝天と地の契約〟の証であったのである」

まるで映画『未知との遭遇』のクライマックスシーンのようではないか。読者のみなさんは、この光景を、楓月氏が作って書いていると思われるだろうか。私は、氏の目には、そして大部分の、公園建設に関係したCBA会員の目には、本当に見えた光景であると信じる。もちろん、人間は〝そこにないもの〟も見てしまう動物である、と規定した上で、だが。

宇宙人の襲来を信じてピラミッドを建築

もちろん、事業が終わってしまっては松村への畏敬をひとつにまとめることが出来なくなる。さらに松村は、この公園に巨大なピラミッドを建築する計画を立てた。

「プロジェクト66」と名付けられた（1965年にプロジェクトを発令、翌66年に完成予定であったのでこの名がつけられたのであろうが、残念ながら完成はちょっと遅れて67年になった）この計画の発動の辞には、こうあった。

「それはかつての帝王の権力の象徴たるピラミッドではなく、或いは、国家権力による異民族圧制の血の金字塔でもなく、唯ひたすらにこの遊星地球の指導と援助のため幾千、幾万年にわたる恩恵を与えられし宇宙のブラザーに対する全人類の感謝の金字塔であり、同時にわれらの宇宙公報の誓願の記念塔なのだ」

　文章に反して、このピラミッドが、帝王である松村の権力の象徴であることはあきらかだった。建設に従事した会員の声には、こうある。

「徹夜で続行の作業。足はふらつき眠たくなってくる。しかし皆も同じなのだしっかりしろ！　サーティーンの事を考えてみろ！　我々の何百倍もの仕事をやっているではないか！　と自分に言い聞かせた。何度も何度も……そして出来上がったピラミッド。あの時のスコップ一杯一杯が作り上げたのだ。同じ目的の為に集った人間の出す力はより以上に大きなものであるとつくづく思う。しかしここでわすれてならないのは、夜も昼も問わず、いつも我々の陣頭に立って指揮されるサーティーンの姿、そしていつも我々を見守るかのように姿を現していた、母船、円盤を……」

彼ら会員たちは、サーティーンこと松村の姿と円盤を、いつもその目の中に見ていたのである。

そして、楓月氏は、今度のこのピラミッド完成のセレモニーに何を見たか？……実は何も見なかった。何しろ、聖書にある天と地との契約の成就であるほどの大母船の乱舞を既に見てしまったのである。それよりスケールの大きな情景など、滅多にあるものではない。仕方がない、楓月氏はこう書く。

「一九六七年六月二十四日、また再び同じ場所で、厳かにして聖なるセレモニーが開始された。そのときである。上空から季節に合わない雷鳴が、あたりの積雲を六度にわたり激しく震わせ、参列していた人々を驚嘆させた！　そして天はこのとき、雷鳴の回数を通じて、地球人の決意を促し、また〝地球人の今後の運命〟を、密かに暗示したのである」

ずいぶんスケールが小さくなってしまったものだが、私が、楓月氏の見た円盤はウソでないだろう、と書いたのはここの描写を読んだからである。もし、氏の筆が、ハヨピラのピラミッド建設を飾るウソだとしたならば、最大の建造物であるピラミッドの完成のときに、天と地の契約の成就ともされる、大母船の数百機の乱舞を描いたろう。だが、楓月氏の筆は確かに、記憶を頼りに情景を描いている。公園を建設し終わったときには、会員たちは、これで仕事が完全に終わった、と思い込んでいた。だからこそ、最高の規模での大セレモニーが彼らの目に見えた。ところが、指導者のサーティーンの気まぐれと必要性から、工事はその後も延々と続くことになり、彼らの中では、もう、最大最高のセレモニーのネタは、使い切ってしまったのであった。すでに彼らの心中には、そんな数の円盤は残っていなかった、のである。

楓月氏の著書によれば、CBAの解散は70年代半ばであったらしい。金銭的にやりくりがつかなくなった状態で、松村は会員たちを叱責し続けて資金を出させていたが、自らの病もあり、ついに力尽きたようである。

第6章　影響を受けた者たち

——三島由紀夫と山川惣治

UFO学の鬼っ子

ＣＢＡという特異な団体のことを、日本のＵＦＯ研究家たちは、汚点としてとらえ、また、政財界の人間がこれに関与していたことをつつかれる事態を恐れるあまり、ＵＦＯ研究そのものを危険思想として弾圧しないだろうかと恐怖し（これは現在考えるとずいぶん被害妄想気味な考えだが、政治闘争のさかんだった1960年代はじめには、ある程度のリアリティがある予測だった）、それについての発言を極力避けるようになった。私自身、ＣＢＡについてその名を知ったのは『地球ロマン』の特集を読んだ高校1年のときであるし、東京で起きた事件ならば知らぬことはなさそうな泉麻人氏ですら、韮澤潤一郎氏から〝ＣＢＡ事件〟という単語が出たとき、

「ＣＢＡ事件、ですか？」

と、知らないものとして聞き返している。

私は、日本の草創期ＵＦＯ研究家たちが、ＣＢＡ事件を一日も早く世間の耳目から遠ざけ、過去のものにしてしまいたい、と思った気持ちもわからないではない。日本にユーフォロジー（ＵＦＯ学）を、一日も早く確立させたい、好事家の道楽、という位置づけから

脱して正式な学問の範疇に入れ、出来れば一流の大学に、UFO学の講座を開設させるくらいにまでもっていきたい、と願っていたであろう荒井氏や高梨氏の思いから行けば、ただでさえアヤシゲと思われている空飛ぶ円盤を、アヤシゲばかりでなくアブナゲなものとして認知させかねないCBAの存在は、邪魔なものでしかないのである。

この立場は、明治日本に民俗学を確立させようと努力していた、柳田国男氏の立場に似ているように思う。柳田氏は、民俗学の学問としての確立こそ、自らの使命と信じ、折口信夫や南方熊楠氏といった在野の人間たちに、次々に自分の主宰する民俗学研究誌『郷土研究』に執筆させるなどして、人材確保につとめていた。しかしまた、柳田氏はその一方で、南方氏が江戸の性風俗史や私刑（リンチ）史などを研究しているジャーナリスト、宮武外骨氏と文通していることを咎め、

「彼は卑俗の人間で、先生（南方）などが交際すべき人間ではない」

と厳しく諌めている。また、柳田氏は農村に残るかなまら祭り（豊作のシンボルとして、巨大な男根などを神像として祭る風習）などを卑猥下賤な風俗として、研究対象から外した。今なお、柳田氏は民俗学の父として鑽仰される一方で、民俗学を官製のものとして型にはめこみ、ゆがめた張本人として糾弾も受けている。

私も、性に関する研究は民衆史の一分野として欠かせぬもの、と思っている一人として一時は柳田氏を敵視していた。しかし、歳をとってくるにつれ、

「あ、柳田国男にもこういう苦労があったのだな」

ということがわかるようになってきた。それは、ひとつの学問的分野を、世間が認める正式な学問として位置づける（つまりは、国が予算を出してくれて、研究者たちの立場が保証されるようになる）までは、その学問が

「国が予算を出すに足る、立派なもの」

と認知させることが大事だ、というものである。その立場から、柳田氏は宮武氏などの、反政府的言動をとる学者を排除せざるを得なかったのである。柳田氏には、柳田氏の苦労があったのだ（いまだに、官製の学問が本当の学問なのか、という疑念は大きくあるにせよ）。

それと同じ悩みを、荒井氏、高梨氏といった、ＵＦＯ草創期の先人は抱き、一時は共に円盤を研究しよう、と声をかけていた（『ＵＦＯこそわがロマン〜荒井欣一自分史』より）松村雄亮を切り捨てたのだろう。

このことがその後の日本ＵＦＯ研究の方向にどれだけ影響を及ぼしたか。その件につい

てはまた後に記すことになるだろうが、しかし、マスコミの表面からはぬぐい去られたようなＣＢＡの記憶は、実はそこに関係していた、さまざまな人々の描くものの中に、大きな影響を及ぼしている。

三島由紀夫もUFO小説を書いていた!

その、最も大きいものは、何といっても三島由紀夫の傑作小説『美しい星』であろう。三島作品の中でも最も奇妙な作品であり、まともな三島研究家はその分析に手をつけかねている作品でもあるこの『美しい星』について、私は以前『トンデモ本の世界Ｒ』（太田出版）の中である程度詳細な分析を試みたことがある。なので、そちらを参照していただきたいが、この作品は、主人公の大杉重一郎が所属する団体が「宇宙友朋協会」と、ＣＢＡ（宇宙友好協会）の1文字違いであることをはじめ、大杉と、作品の後半、延々と数十ページにもわたって論争を行う白鳥座61番星の宇宙人というのが3人組の黒衣の男であるというＭＩＢのパロディなど、当時のＵＦＯブームがその背景となっている。そして、『地球ロマン』でジャーナリストの中園典明氏が、

「当時の円盤界の事情を全く知らない三島文学のクソ評論家が、トンチンカンなことばか

りを言っている」

と怒っている、大杉とその家族がそれぞれ火星人、金星人、木星人、水星人を名乗っていることの解釈（新潮文庫の解説をしている奥野健男氏は、〝円盤とか宇宙人といったいかにもSF的な素材を提出するにあたり、SFじゃないということを明らかにするために、わざとそういう設定にしたのだろう〟と述べている）も、アダムスキーの、

「太陽系の全ての惑星には人間が住んでいる」

という思想を反映していることは明らかなのである。三島がこれについて、明確にCBAがモデルだと書き残していないのは、実在のCBAからの苦情を恐れたというよりは、発表当時（1962年）においては、そんなことは世間一般では、別にあえて言及しなくても明白なことだったという理由が大きいような気がしている。

それにしても、三島の鋭いところは、学問はあっても世間的な無能者である主人公・大杉重一郎とその一家が、円盤を目撃する（したと信じ込む）ことによって、周囲の人々に対する心理的優越を維持することが出来、その優越に対する執着からどんどん世間と乖離していき、逆に乖離することそのものが彼らにとってのイニシエーションである（汚れたものから身体が清められていく）という、その過程での多くのオカルト体験者たちの心情

を、見事に活写しているところである。それは重一郎の長男、一雄の、こういう告白によく表れている。

「お父さん、僕は満員電車に揉まれていても、前のように腹が立ちません。僕はずっと高いところから、この人たちを瞰下《みおろ》しているように感じるから。僕の目だけは澄み、僕の耳だけは天上の音楽を聴くことができると思うから。この汗くさい奴らは何も知らないが、こいつらの運命は本当のところ、僕の腕一つにかかっているんだものな」

……これは多分、松村雄亮及びＣＢＡ会員たちの思考と、ほぼパラレルなものなのではあるまいか。まあ三島自身、その8年後に、ＵＦＯでこそないものの、憂国というある種のオカルティックな感情に自らのアイデンティティを寄りかからせて自らを世間から乖離させ、派手派手しい死を遂げる。ＵＦＯという〝幻視〟にからめとられていく自我というテーマを選んだ時点で、三島は自分の行く先を予見していたのかも知れない。

『少年ケニヤ』の原作者もUFOを目撃した

※以下より140ページまでに関し、初版分では、サイト「漫棚通信ブログ版」(http://mandanatsusin.cocolog-nifty.com/blog)

2005年11月11日より3回分を漫棚通信様に無断で掲載しておりました。漫棚通信様に大きなご迷惑をおかけしたことを謝罪いたします。

そして、三島以上にダイレクトに、CBAの思想に共鳴し、それを作品中に反映させた、ある一人のクリエイターを紹介しておこう。その名は山川惣治。かの『少年ケニヤ』の原作者である。

漫画という文化が少年たちの娯楽の王者として定着するちょっと以前に、〝絵物語〟という、コマに描かれたイラストと文章の組み合わせによる形式の創作が、大ブームとなった時期があった（これは、それ以前の少年向け娯楽ものの主体だった紙芝居を、雑誌のページ上で展開したものと考えればいいかもしれない）。山川氏はその分野の、名実ともに第一人者であり、テレビ化もされた前記『少年ケニヤ』の他、同系統の先行作品『少年王者』や、ボクシングもの『ノックアウトQ』、さらに西部劇『銀星』など、昭和20〜30年代の少年の人気を独占していた作家といっても過言ではない（やがて絵物語は手塚治虫の登場と共に、漫画にその座を奪われていく。こんな解説はUFOの本には無駄と思われるかもしれないが、後に意味を持ってくるので押さえておいていただきたい）。

そんな彼がUFOに、それも最も過激な思想のUFO団体であったCBAに、かなり深い共鳴を寄せていたというのだから驚く。平野威馬雄氏の『空飛ぶ円盤のすべて』(高文社)には、冒頭に、この山川氏の円盤目撃談が、雑誌『たま』2号からの転載として紹介されている。それによると、氏が最初に空飛ぶ円盤を見たのは、昭和36年の6月のことだという。『少年エース』という作品の中に空飛ぶ円盤のことを出してまもなく、CBAの幹部5人が氏の家を訪ねてきたそうだ。そして、氏は彼らから宇宙人とのテレコン(テレパシー・コンタクトの意)を勧められたという。半信半疑だった山川氏だが、最初に行ったときには家族が、2回目には、氏自身が空飛ぶ円盤を目撃する。それは洗面器ほどの大きさで乳白色をしており、〝幻のように目の前の空をかなりゆっくりと飛んで〟いったそうで(その夜、円盤は12回も飛来したという)、それ以来、氏は円盤をしょっちゅう目撃するようになる。円盤の目撃には慣れが必要なようだ。

山川氏は、CBAの説をそのままに、宇宙連合のことや彼らの地球人との接触のことを語っている。子供たちに強大な影響を持つ山川氏の、コンタクト思想への傾倒は、他の実直な空飛ぶ円盤研究家たちに実に苦々しく、また脅威として映ったことだろう。しかし、結局山川氏は、CBAに同調したまま、その影響のもとに、『太陽の子サンナイン』という大作までを世に送るのである。

UFOから生まれた漫画『太陽の子サンナイン』

『太陽の子サンナイン』は、1967年に、集英社コンパクト・コミックスの一環として、全3巻で発行された作品である。第1巻のオビには作者・山川氏の、

「ここではユーホー（米空軍が目撃した地球上のあらゆる物体以外の、未確認の空飛ぶ物体、すなわち空飛ぶ円盤に対してつけた名称）のすべてを、いろいろの角度からかなり正確な材料によってえがいた」

という言葉が記載されている。〝正確な材料〟とは要するに、CBAから提供された材料ということである。

この作品、基本は山川氏の多くの作品と同じジャングルものなのだが、舞台は、南米のペゼラ国（ベネズエラがモデルか）という架空の国。そこでインディオたちに混じり奴隷のように働かされている日本人少年の陽一は、他人の考えていることを読み取ったり、怪力を発揮するなど、普通の人間にはない能力を持っていた。実は彼は12年前の旱魃《かんばつ》の年、村に現れた空飛ぶ円盤の搭乗員〝ミリオン〟と日本人移民の娘の間に生まれた子供で、父

が発見したインカ帝国の黄金のありかをねらう独裁者ゴステロにねらわれる、というのがあらすじである。

絵物語らしく波瀾万丈のストーリー、と言えば聞こえはいいが、いきあたりばったりな部分も多々ある話で、アマゾン奥地に忍者の一族がいたり、UFOならぬUMA（未確認生物）で有名なジャイアント・ギボン（喉に棒を立てられて撮影された写真が有名）が登場したり、少年活劇ものっぽく話が進むと思うと、突如陽一が円盤に乗って宇宙母船団を訪れ、宇宙連合のグレート・マスター（キリストを彷彿とさせる顔に描かれている）に面会するなどという、それこそCBAらしいコンタクト・ストーリーになったりして、話があちこちに迷走し、前の話を覚えているだけでも大変である。さらにこれに、後半になると地球人と宇宙人の協力を邪魔しようとする、ブラック・シンジケートという陰謀組織まで登場して、さらにややこしくなる。ここらには末期CBAが陥った陰謀論の匂いが顕著だ。陰謀というのは要するに、宇宙人が地球に協力すると、エネルギー問題や国際紛争が一気に解決し、石油企業や死の商人たちが儲からなくなるので、その邪魔をするという被害妄想の産物であるが、作品中では、人の心が読める陽一に対抗し、心にシャッターを下ろせる特殊部隊を開発して陽一を襲わせる。これがすなわち、メン・イン・ブラックである。大きな工場で彼らに取り囲まれた陽一は、宇宙連合に助けを求める。すると、円盤が現れ、工場の機能が全て停止する（円盤が現れると機械類が止まる、というエピソードをとりいれているところがさすが山川惣治だ）。

まあ、それからもいろいろあって、陽一の主導で独裁者ゴステロは倒され、平和が戻る。だが、その夜、陽一は空から彼を呼ぶ声で目をさます。外へ出ると、そこには9つの円盤が美しく輝き、彼にメッセージを告げる。

「地球はブラックにねらわれている。第三次大戦がおこれば地球はほろびるのだ。おまえの母の国、日本へかえれ！　日本は神にえらばれた国だ、宇宙船の地球への友情をただしく日本の人々にしらせるのだ」

その命に従い、ジェット機で日本に向かう陽一を、富士山上空で、宇宙母船群が見守っている。陽一はつぶやく。

「私は日本へかえってきた。宇宙船は私をはげますように出現した。よーし、正義のためにたたかうぞ！」

これまで一人称が〝ぼく〟だった陽一が、〝私〟と自称しているのは、彼の成長を表しているのか、あるいは、作者・山川惣治自身の、これは心の叫びなのか。

この作品を初めて読んだとき〝あの〟山川惣治が、このようなトンデモ作品を描くのか、と、しばし呆然としたことを覚えている。しかし、山川氏のCBAへの傾注は一般的なレベルを超えて、まさしく〝信者〟のそれになっていた。氏はハヨピラ公園の完成記念式典で、楓月悠元氏などと同じように、やはり円盤の乱舞を目撃しているのである。

「青空に次々と浮かぶ大宇宙母船団の出現にはどぎもをぬかれた。『C・B・A』の発表によると、この日現れた母船艦隊は百隻以上だったという。青い空にすーっと細長い円錐形の巨大な物体が次々と現れるのだ。一見雲かと見まがうが、正確な円錐形で、大変細長く見える。しばらくすると、すーっと消えてしまう。と、左手の空に次々と母船団が姿を現わす」

（『空飛ぶ円盤のすべて』）

……彼の目に映った、この円盤群は、果たして何だったのだろう？　平野威馬雄氏によれば、山川氏は、

「質実で剛健そのものの、いささかのケレン味も虚飾もない人柄の画家」

であり、何度も氏に円盤を見せてあげますと誘われているが、

「ぼくは、山川氏の人柄に心から好意と尊敬をはらっているので、このおどろくべき体験を、一笑に附したり、理由もなく否定する気にはなれない。が、残念ながら、一度も同氏

の目撃に立ち会っていないので、せっかくのこの千載一遇をつかめずにいる」のだそうである。平野氏を思いとどまらせたものが何か、はっきりとはしないまでも、よくわかるような気がするのだがどうだろう。

先に述べたように、昭和30年代後半からの山川氏（を筆頭にする絵物語というジャンル）は、漫画にその王座を奪われ、衰退の一途をたどっていた。氏は後年、絵物語を守ろうと、私財をなげうって絵物語専門誌『ワイルド』を発行するが、経済的に大失敗し、ついに、かつて屋上で円盤を見た、その豪壮な邸宅をも処分、引退生活に入ってしまうのは、CBAが巨大ピラミッドをハヨピラに完成させた翌年の1968（昭和43）年だった。現実世界での星新一、創作の世界の中での大杉重一郎同様、山川氏もまた、どうにもならない現実からの脱却を、空飛ぶ円盤という存在に託していたのではないだろうか。

荒井欣一氏の証言（『UFOこそわがロマン』）によれば、このハヨピラ建設前後から、松村雄亮自身、背中、腰部に激痛が起こり、四肢に麻痺が広がる〝根性座骨神経痛〟という難病にかかって苦しんでいたという。UFOの幻視は、まず自分たちのいるこの世界における、我が身の不遇感から始まるものなのかもしれない。

第7章 ラテンのノリの宇宙人たち

……前章まで、日本においてのＵＦＯ研究がなぜ、行き詰まったのか、という点を、主にコンタクト派と非コンタクト派の確執、ということを中心に見てきた。基本的な部分において〝真面目で、現実的〟な国民である日本ならではの確執がそこにあったように、私などには感じ取れる。では、他の諸国ではどうなのか。ＵＦＯに対する、全く別の取り組み方というのは、ありえないものなのだろうか？　ここからはそのことを考察していきたい。

2番目に起きた1番有名な「ロズウェル事件」

「世界で2番目にエベレストに登った者を覚えている者はいない」

という名言がある。上を目指すなら1番を目指せ、2番のことなど誰も見向きもしない、という叱咤の言葉である。世界で2番目の金持ち（1番はビル・ゲイツ）とか、2番目に電球を作った人物とかについて、われわれは何も知らない。世界初、という存在のインパクトはそれだけ大きいものがある。

……しかし、例外というものはあるもので、2番目に起きた事件の方がはるかに有名、という事象もある。それは、何かというと、そう、空飛ぶ円盤の出現に関しての事件である。

先に述べたように2007年は空飛ぶ円盤にとっては記念すべき年であって、フライング・ソーサー、空飛ぶ円盤と名付けられた物体の最初の目撃事件、ケネス・アーノルド事件が起きてから60周年にあたる。そうでなくとも、この目撃の日である6月24日は、アメリカでは〝フライング・ソーサー・デイ〟という記念日になっており、彼の地ではいろいろと関係行事が催される（UFO型パンケーキの食べ比べ、などというタアイないものだが）。しかし、現在のUFO事件史では、どうもこの事件は軽く扱われすぎている感じがするのは私だけではないだろう。UFOファンの中でも、若い人はそもそもこの事件のことを知らなかったりする。それは、いかに世界最初とはいえ、事件そのものが、ただ単に円盤の飛行を目撃しただけ、という地味なものであるからだろう。現代の目から見て、歴史的価値しかないものと思われても致し方ない。

ところが、それから10日も経たない7月2日に、今なおその事件の真偽が取りざたされ、映画にもなった、大きな事件が発表された。こちらの方は、2番目とはいえ、実に話が大きく、奇想天外で、そしてスキャンダラスであり、事件が秘密とされていたため、長いこと無名な存在ではあったが、1970年代に再発見されてからはUFO史上最も人気のある事件となり、今に語り継がれている。

　それが、〝ロズウェル事件〟だ。

　ニューメキシコ州ロズウェルにおいて、米陸軍が、墜落したUFOから宇宙人の死体を回収したとされる事件である。なにしろ、ただの円盤の目撃と、円盤の残骸、宇宙人の死骸の回収である。そのインパクトと猟奇性の差は歴然である。ロズウェルの事件に関してはさまざまな憶説が流れ、フィクションが創作され、検証がなされ、漫画や映画にまでなったことはご存知だろう。一方で、世界初であるところのカスケード山中のアーノルド事件については、UFOマニア以外、顧みる者もいない。俺の方が最初なのにと、アーノルド氏も嘆いていることだろう。

　だが、と私は言う。それにしたって、現在でもアーノルド氏が円盤を目撃した日は、ちゃんとファンたちの間に記憶される日になっている。あわれなのは、世界で3番目のUFO目撃事件である。この事件は、ただ円盤を目撃しただけのアーノルド事件、死体の回収があったロズウェル事件から、さらに一歩を進めた、〝生きた宇宙人との会見事件〟なのにもかかわらず、その後、全く、誰もこの事件を語らないのである。

忘れられた3番目のUFO目撃事件

ここで、その忘れられたUFO事件の詳細を述べてみよう。

ケネス・アーノルドの事件から29日後、ロズウェル事件のマスコミ発表（8日）からわずか15日あと、ブラジル・サンパウロ市のバウルーという地区で、測量技師のホセ・C・ヒギンズという男が仕事をしていると、悲鳴に似た、甲高い声が聞こえたので、あたりを見回すと、大きな円盤が着陸していた。約45メートルもの巨大さで、曲がった金属の脚で地面に立っていたという。他の測量技師たちは逃げたが、ヒギンズのみが残っていると、円盤の中から身長2メートルの宇宙人が3人、透き通った宇宙服を頭からすっぽりかぶった姿で立っていた。中には空気がたっぷり入っているらしく、その透明スーツは風船のようにふくらんでいた。彼らはみな同じ顔で、大きな目玉と髪のない巨大な頭を持ち、人間に比べ足が長かった。ヒギンズはこんなケッタイな姿の宇宙人のことを〝不思議なほどハンサムだった〟と証言しているが、なぜそう思ったのか、小一時間問い詰めてみたいところだ。

彼らは手に持った金属チューブのステッキで地面に絵を描いてヒギンズに示した。それは8つの点が回転している図であり、真ん中にある1番大きい点をアラモと言い、7つ目の穴をオルクェと言って、自分たちはここから来た、と言った。3人のオルクェ人(?)はヒギンズを円盤の中に連れ込もうとしたが彼らは太陽の光に弱いらしく、日が差してくると弱るようだったので、その隙にヒギンズは逃げ出し、草むらに隠れて、彼らの様子をそーっとうかがっていた。彼らはヒギンズに逃げられたことで動揺しているらしく、ぴょんぴょん飛び跳ねたり、石を投げつけたりして暴れていたが、やがてあきらめたのか、円盤の中に入り、すぐに円盤はヒューッと音を立てて北へ飛び去ってしまった。なお、この事件を記録したゴードン・クレイトンは、彼らが地面に8つあけた穴の7番目を示したのは、彼らが太陽系の7番目の星、天王星から来たということだ、と言っている。真ん中の穴が1番大きいというのだから太陽とすると、天王星は8番目の穴でないとおかしいのでは、と思うのは筆者だけではあるまい。

……これがいわゆるサンパウロ事件である。現地の新聞に載って大きな話題になった事件であるが、それ以降忘れられ、誰も語ろうとしない、不遇な事件である。

やはり、誰しも〝1番最初〟の事件にしか、興味を示さない、まして3番目においてをや、ということなのだろうか？　もちろん、他にもこの事件が相手にされない理由はいろいろある。デカ目ハゲ頭の宇宙人を〝ハンサム〟と言い切る美的感覚や、草むらに隠れてそーっと様子をうかがうといった安手の映画みたいな状況、それに気付きもしないでコドモみたいにくやしがる宇宙人の態度、など、不遇な事件には不遇になるべき条件が揃っている、と、まあ思えないこともない。

しかし、なによりこの事件が相手にされないのは、この事件の起きた場所が南米ブラジルであり、宇宙人とコンタクトしたのがブラジル人だから、なのではないか。

ブラジルとUFOの意外な関係

実は、ブラジルという国はUFO研究においては、非常にポピュラーな国であり、また、逆にほとんど研究対象とされていない国、でもある。UFO史でははずせないトリニダーデ事件（1957年、ブラジル海軍がUFO写真を撮影したもので、政府と海軍が正式にUFOの存在を認めたもの。この写真は世界初の政府公認UFO写真となった）もブラジルだし、世界初の宇宙人と地球人のセックス報告というトンデモないものがあったのもやはり、ブラジルであった。

極めて信頼度の高い情報から、いかにも怪しげ極まる事件まで、とにかく雑多というか、

よく言えばバラエティに富んでおり、はっきり言えば、

「面白過ぎて信用できない」

というイメージがある。

〝怪しげなUFO情報〟の中にある隠されたものに目を向けよ、という、これまでになかったアプローチでわれわれの目からウロコを落としてくれたユニークなUFO評論『何かが空を飛んでいる』（稲生平太郎・新人物往来社）も、さすがに南米諸国のUFOばなしには、

「しかし、いったいほんとうに南米では何が起こっているのだろう。現実、神話、フォークロア、幻想、幻覚の境界は確かに曖昧模糊としており、南米の文化的、社会的背景に無知な僕たちとしては、まっとうに評価する術をもたない」

と、半ばサジを投げているかのようだ。だが、そもそもブラジルを中心とする南米諸国で、UFOというのは、〝ほんとうに何が起こっているのか〟〝まっとうに評価する〟という軸で語るべきものなのか、という疑問が、これらのUFOばなしを読んでいると、ふつふつと湧いてくる。

日本においては、この南米におけるUFO譚というのは、きちんとした形ではほとんど

紹介されてこなかった。もっとも多く南米でのＵＦＯをわれわれＵＦＯマニア少年に伝えてくれていたのは、その手の研究者の中でも記事の信頼性においてはかなり怪しげな一人、と子供たちにすら認識されていた、中岡俊哉氏くらいであったことも、当時の事情をものがたってくれている。南米のＵＦＯばなしは〝まっとうなＵＦＯ研究家が手をつけるような代物ではない〟と打ち捨てられていたのである。おまけに、そういった怪しげなＵＦＯばなしが、『世界の怪獣』（秋田書店）などで有名な、あの〝見てきたような〟中岡節で語られるのである。私など、ダイレクトに中岡氏の著作を読んで育った世代だが、子供ごころにも、

「これはいくらなんでも真実じゃないだろう」

としか思えない記述ばかりだった。

たとえば『ＵＦＯ衝撃のレポート』（潮文社）は、

「ＵＦＯ研究の第一人者が、膨大な資料の中から特徴別に38のＵＦＯ体験例を厳選して送る最新レポート！」

とオビで謳われている本だが、その体験例というのがすさまじい。中でも、「襲撃された村」という話は、１９７４年3月11日、ブラジル（出ました！）のパラナ州グアトロ村

で起こった、宇宙人による大規模な集団殺戮事件のエピソードである。

民家を焼き尽くしたUFO

小村であるグアトロ村で、その日の朝、学校に出かけようとした子供たちが、空中に、直径6〜7メートルの、コーヒーカップを逆さにしたような形状の、銀色をした物体が浮かんでいるのを発見した。

やがて物体は草原に着陸し、中から、人間の体型はしているものの、両手がとても長く、頭が三角にとがっている宇宙人が出てきた。驚いた村の老人が、その宇宙人めがけてライフルを発射すると、驚いた宇宙人は円盤の中に逃げ込んだ。以下、中岡氏の筆を引用する。

「村人たちの間からウワーッ！　という勝ちほこったような喚声が上がった。ところが、その声が消えるか消えないうちに、彼らは、円盤が村の上空めがけてものすごいスピードで突っ込んでくるのに気づいた。

村人たちの顔に恐怖の色が走った。

〝逃げろ！〟誰かがひきつった声を上げた。

ピカッと円盤から光のようなものが放たれた瞬間、一軒の家から火柱が立ちのぼった。

ゴーッ！　炎が音を立てて吹き上げ、家はたちまち焼け崩れた」

……まるでSF映画のような凄まじいありさまである。村人たちはなすすべもなく、3軒を残して家は全焼、6人の人間（先ほど宇宙人に発砲したカンピ老人の長男も含まれていた）だけが生き残った。

「この事件はたちまちブラジル中につたわり、廃墟と化したグアトロ村に大勢の調査団がおとずれた。

〝これはおそらくカンピじいさんの発砲に対する宇宙人のしかえしだろう〟

彼らは、そう推測しているが、それにしても、あまりにむごい事件である」

むごい事件どころか、本当だったら、国際的な大さわぎになっているはずの規模の事件であるが、そんな大事件があったという記事は、この中岡俊哉氏の本以外、どこにも載っていない。ブラジルの事件というのは、使われている言語がポルトガル語であることなどが理由で、この時期は特に、ほとんど日本へは紹介されていなかったが、それにしたって、こんな事件が闇に葬られるほど情報が制限されている国ではないはずだ。そもそも、中岡氏はこれらの事件をどこから聞き込んできたのだろうか？

それに、この事件には、先のサンパウロ事件にあるような、どこか現実ばなれした、フアンタスティックさがない。そこが、日本人によって書かれたUFO物語の限界ではないか。現実に起きた事件のようで、それでいて、どこか異世界の出来事であるような足もとのおぼつかなさ。それこそが、稲生平太郎氏の言う、

「現実、神話、フォークロア、幻想、幻覚の境界」

の曖昧模糊さという、UFO界のラテン・アメリカ・ケースの根源なのである。

世界で最も誘拐されやすいのはブラジル人

中岡氏の著作などで南米UFO譚にいささかヘキエキしていた私が、改めて、それらの国での事象を見直して、まさにラテン・アメリカ・ケースこそ、UFOという問題の重大なファクターなのではないか、と思いはじめたのは、平野威馬雄『ヒューマノイド　空飛ぶ円盤搭乗者』（高文社）という本を読んでから、である。当時すでにかなり手に入りにくい本であったような記憶がある。

この本には、アメリカのUFO研究家であるゴードン・クレイトンの、南米諸国での宇宙人遭遇事件が65件、記載されている。そのほとんどが、もし、これが真実だったとしたら、世界のUFO研究家が大騒ぎするような事件である。もし、それが日本で起こったな

らば、その真偽に関わらず、いまだにマスコミで話題になるような著名な事件になっていただろう。

しかし、それらの多くは、先のサンパウロ事件をはじめとして、日本でも、また本家アメリカでも、ほとんど話題に上らず、また、真面目に研究されることもない。あまりに軽く扱われているのだ。

それは、その件数のやたらな多さも関係しているのではないかと思われる。オカルト関係記事専門のニュースサイト、「X51．ORG」によれば、

「ブラジルではUFOによる誘拐（アブダクション）は非常に一般的なことだとブラジルのUFO研究家A. J. Gevaed氏は主張する。氏の主張によれば、時には家族まるごと、10回から12回にわたって同じUFOに誘拐されることもあるという。同氏はブラジル人の寛容さが、そうした現象が頻繁に発生する原因であると推測している」

ということだ。ここまで頻繁にUFOが人をさらっていては、もう話のネタにすらなるまい。ちょっと信じられないが、アメリカや日本に比べて、UFOは彼の国でははるかに〝日常〟に近いのである。それが語られるときの度合いも、アメリカなどでの、〝信じられないことが起こった！〟というテンションの高さはあまり感じられない。あくまでも、日

常の中でのアクシデントといった感覚で語られる場合が多いのだ。日常はニュースにならない。

前記『ヒューマノイド』に記載されているそういった〝日常〟の事例をいくつか紹介してみよう。

A：1954年11月28日午前2時、グスターヴォ・ゴンザレスとホセ・ポンチェの二人がベネズエラの首都周辺の郊外をドライブ中、地上約3メートルのところに浮かんでいる輝く物体によって遮られ、彼らの目の前に、剛毛が体に生えた、〝ふんどしをつけている〟小人のような生物が立っていた。ゴンザレスはこの怪物にナイフを持って立ち向かったが、怪物は怪力でゴンザレスを突き飛ばす。ナイフを突き立てても、鋼鉄をかすめるようで歯が立たない。そうこうしているうちに、もう一人の宇宙人が円盤の中から出てきて、小さなチューブから光線を出して彼らの目をくらませて、その隙に逃げた。ゴンザレスとポンチェは交番にかけこんだが、二人とも恐怖で歯の根があわなかった。彼らを診療した医師は、二人の言っていることにはつゆいささかのウソもない、と証言した。

B：1954年12月11日、ペドロ・モライスという農夫が、鶏小屋がやけにさわがしいので出て空を見渡すと、底が巨大な真鍮《しんちゅう》のやかんみたいになっている物体が浮かんでいた。それは空中を波打つようにして飛んでおり、ミシンのような音を立てていた。

彼が驚いて耕作地の方に逃げると、そこには小人のような姿の生物が二人いたが、頭からつまさきまですっぽりと黄色のサックみたいなものをかぶっていたので顔は見えなかった。自分の農地に踏み込まれたことに腹を立てたモライスは、頭突きをくらわしてやろうと彼らに飛びかかったが、相手の一人も飛びかかってきた。もう一人はそれを止める身振りをした。彼らは、二人ともすぐ円盤の中に逃げ込んだが、そのときタバコの枝を折り取っていった。モライスは無学文盲で、これまでUFOのことなど聞いたこともなく、彼らを幽霊だと思っていた。ブラジル当局への報告で、モライスは、

「今度会ったらとっつかまえて一発でのばしてやる」

と憤っており、当局は生死に関わらず、つれて来てくれとモライスに頼んだ。

C：ブラジルのミナスジェライス州、ディアマンチアの町の近くにあるディアス・ポンテスで1962年8月19日の夕方、ダイヤ試掘業のリヴァリノ・マフラ・ダ・シルヴァと

いう男の小屋の上空を、フットボール大で、赤光を放つ物体が二つ飛んでいたのを、隣人が目撃した。その夜、身長45センチほどの、奇怪な姿をした男が彼の小屋に入っていったのを見た。怪人は、小屋の外で、

「これからリヴァリノを殺してやる」

とはっきりしゃべっていた。

夜があけるころ、リヴァリノの12歳になる子供が、ドアをあけた。すると、不思議なボールが二つ、床に転《ママ》がっていた。ひとつは黒く、ひとつは白黒だった。そして、いずれにも、しっぽのようなものがついていた。

父親のリヴァリノが子供の声で家から出てきた。するとその二つの玉はひとつにくっつき、彼をめがけてはねあがった。と、同時に、リヴァリノは黄色い煙につつまれ、そのまま、永久に姿を消してしまった。

当局はこの件につき、まだ調査中と答えた。そして、軍隊がきて、リヴァリノの子供を永久に禁錮拘置した。情報がもれないようにするつもりであろう。

D：1964年6月14日、チリの坑夫、ラファエル・アギーレ・ドノソが、アリカの町

から20キロ内陸に入ったところをドライブしていると、不思議な物体が着陸していた。長さ3メートル、幅1・6メートル。その中から、肌の奇麗な二人の人間が現れた。スペイン人とイギリス人の混血らしいとドノソは思った。彼らは〝水を少しもらえませんか〟と言ったので、気持ちよくわけてやった。彼らは再び機内に戻ると、すごいスピードで上昇し、消えた。

E：19……いや、もうやめておこう。キリがないし、こうやって採録していても、心の中に突っ込みの文句がいくつも湧いてくるのを抑えきれない。ふんどし（原文では〝下帯〟）をつけている毛むくじゃらの宇宙人やら、頭突きを宇宙人にかまそうとする農夫やら。特にCの件の宇宙人の、

「これからリヴァリノを殺してやる」

というヤクザまがいのセリフ、唯一の目撃者である子供が永久監禁されてしまったのに、なんでこの事件の全貌が記録に残されたのか（この事件の記録者は誰にこの事件のことを聞いたのか）、さらにはDの目撃者は、どうして円盤の搭乗者を〝スペイン人とイギリス人の混血〟だなどと思ったのか。

もちろん、中には極めて真面目な目撃報告もないではないが、基本的に、ブラジルを中心としたラテン・アメリカの円盤目撃、宇宙人遭遇事件というのは、〝こんな調子〟なのである。派手で、陽気と言えば陽気だが、あまりにリアリティがない……世界の宇宙人コンタクト・ケースの中で、ラテン・アメリカでの件が真面目に取り上げられているのは、ミナスジェライス州（前記の記録にもあったところ。ブラジルではUFOのメッカとして有名な州であるらしい）で起きた、アントニオ青年事件くらいではないか。

宇宙人とセックス⁉　アントニオ青年事件

この事件は、第2章でもちょっと触れたが、なんと宇宙人と地球人のセックスを扱っている、非常にセンセーショナルな事件である。その、あまりの特異さに、いかにラテン・アメリカ・ケースとはいえ、取り上げずにはいられなかったのだろう。

1957年10月15日、農作業中の23歳の青年アントニオ・ビラス・ボアスが農作業中着陸したUFOに襲われ、4人の潜水スーツ風の制服を着けた乗組員に捕まってUFO内部に連れ込まれた。チューブの付いた装置で顎の先から血液を採取された後、全裸にされ、全身を催淫性のあるオイルで拭かれ、ベッドに一人寝かされていると、やがて金髪で白い肌に大きな吊り上がった青い眼、くびれた腰、豊かな胸を持ち、腋毛と陰毛が赤いほかは地球人にそっくりな全裸の美人が現れ、セックスをさせられた。行為が終わると女は下腹と天を指さしてから立ち去った。アントニオ青年はそのあと4時間ほど、機内の見学を許されてから地上へ帰された。帰還後彼の顎に放射能症のような傷跡が発見されたという。

……どうも、私は、他のラテン・アメリカ・ケースを根拠のないもの、として無視していながら、この事件だけを〝ウケがとれる〟事件として記載するUFO記事を、あまり褒める気にはなれない。宇宙人とのセックスは、確かに本当とすれば凄まじいインパクトであるが、しかし、それを言うなら他の事件、例えば宇宙人に暗殺されてしまったリヴァリノ事件だって、もっと大きく取り上げられていい筈だ。〝本当らしくなさ〟においては、この二つの事件の間に大した差はないのである。と、いうか、古くからのUFOファンにとっては、これら二つは、どちらも極めて、〝中岡俊哉的〟であるということで、同じ分類になるだろう。

思えば、われわれは、こういう中岡俊哉的な世界からUFOへの興味と好奇心を駆り立てられながら、そういった報告への視線は、かならずしも温かいものではなかった。いや、むしろ大変に冷遇してきたと言っていいだろう。それは、日本のUFO研究者たちが、C

BA事件などの苦い体験から、UFOについて語るときに、まず、世間にそれが事実として認められるだけの根拠を持っているか否か、ということを第一義として取り扱ってきたためであろうと思う。誰もが、

「怪しいと思った件を排除し続けていけば、必ずやそこにUFOの真相が残る」

と信じてきた。そして、それら真面目な研究者たちは、荒井欣一氏（2002年没）も、高梨純一氏（1997年没）も、みな、ついに、UFOをその目で見ることが出来ぬまま、この世を去っていったのである。

21世紀になって、日本のUFO研究は今やその火が消えかかっているような状況である。私は、ここで、日本のUFO研究者の皆さんに、ひとつの提案をしたいのである。

視点を変えてみてはどうか、と。

UFOの真実は、皆さんが、馬鹿馬鹿しいとうち捨ててきた、この手のラテン・アメリカ・ケース、いや、中岡俊哉的ケースの情報の方にあるのではないか、と。そして、そこで語られているものを研究することで、われわれは初めて、

「なぜ、人類はUFOを見るのか、宇宙人と遭遇するのか」

という謎の答を、得られるのではないか。

第8章

UFOは胸の中に飛ぶ

私がUFOにハマった理由

先にも記したように、私個人はリアルタイムでのCBA体験はない。しかし、CBAが直接コンタクト説から宇宙考古学の方面への方向転換をした、という事実は、私自身のUFOハマり体験と直につながっている。

私の記憶に残る、最初に自分がハマったUFO関連本は英国の超古代史ライター、アンドルー・トマスの『太古史の謎』であった。角川文庫から、1973年に発行されている本だから、私がこれを読んだのは15歳の中学3年のときである。この本は直接にUFOのことを語った本ではないが、この地球には古代から宇宙人が訪れていて、現在地球に残る、さまざまな遺跡などを残していった、と唱える、この業界では〝超古代史本〟という分類になる本であり、その当時の書店のUFOコーナーには、こういう種類の本が、専門出版社とも言える大陸書房のものはじめ、目白押しだった。これらはみな、CBAの、派手かつ地道な〝宣伝活動〟によるものだったのだろう。と、いうことは私も知らず知らずのうちに、CBAの手の内で遊ばされていたことになる。

それはともかく、受験勉強の息抜きには、こういう罪のない本がいいだろう、というチヨイスで買った本であったが、受験という、目の前の数式、目の前の英単語のこと以外考えてはいけないと強制されている身にとっては、実にいい脳のリラクゼーションだった。補修授業を終えての帰宅の道すがら、すでに星がまたたきだす時刻の道を歩きながら、空を見上げて、ふと、

「いま、この瞬間にも、宇宙に住む大いなる存在が、自分を見下ろして観察しているのかもしれない」

と思って、急に怖くなり、そして胸がときめいたのを覚えている。受験というストレスを一瞬、忘れる時間だった。今思えば、星氏や荒井氏、そして松村氏も、そんな気持ちで夜空にUFOの幻を見たのではあるまいか。

いずれにせよ、私はそれで宇宙考古学というジャンルを知り、その分野では最も著名な人物であるエーリッヒ・フォン・デニケンの著作も買いあさって読んだが、デニケンの著作にはやはりちょっと、山師的なうさんくささがつきまとい、そう夢中にはなれなかった。最初に読んだ著作が、デニケンほど大風呂敷を広げない、誠実な筆致のトマスのものであったことは幸せだったかもしれない。ただし、再読したときに気がついた、古代の人間の能力をはるかに超えた巨大建造物（宇宙人の関与が疑われるもの）の中にギゼーのピラミ

ッド、イギリスのストーンヘンジなどと並んで鎌倉の大仏が入っていた（！）ということが、どうも頭の隅に引っかかっていはしたが。

UFOを信じる人間は知能指数が高い

これらの超古代史は、当時の中学生読者たちに、かなり広い範囲で浸透していたようである。当時の少年たちにとり、ＵＦＯや宇宙人は、それらの話題が陳腐化してしまった現在よりも、ずっと新鮮で、〝現代的〟な話題だった。その証明のような出来事が、私の高校１年生の頃にあった。受験の末に入った高校はミッション・スクールの男子高だったが、ミッションだけに宗教の授業というものがあって、神父である教師からキリスト教の歴史を教わる。その最初の授業のとき、クラスメートの一人が、教師に、

「キリストは宇宙人だと自分は思っているのだが、先生はどう思われるか」

と発言したのである。それを聞いて、私はそういう質問を真面目な神父さんにぶつけるなよ、と思いながらも、心のうちでニヤリとした。まさにわれわれが高校に入った年に、大陸書房（当時ＵＦＯやオカルト系の出版物と言えば大陸書房が最も有名だった）から、『キリスト宇宙人説』（山本佳人著）という本が出版されていたのだ。その質問者のＮとい

うクラスメートも、私と同じく、その本を読んでいたに違いなかった。

敬虔なクリスチャンの教師はその質問にとまどいながらも、

「そういう説があることは知っているが、私はそうはとらない。そもそも、宇宙人が実際にいるかどうか、まだ科学では証明できていないのだから、そのような仮定はする意味がないのではないか」

と答えた。そうしたら、Nは、

「しかし、僕たちは科学を勉強している身として、一旦死んだ人間が生き返る、というような話を信じることはできない。仮定と先生は言われたが、宇宙人が優れた医学で仮死状態にあったキリストを蘇生させた、ととる方がはるかに科学的ではないだろうか」

と食い下がったのである。

この問答がそれからどうなったのかは、残念ながら記憶にない。たぶん、

「科学と宗教はそもそも、その拠って立つ土台が異なる」

というような説明にずらされてしまって、宇宙人存在論議はウヤムヤになって終わったのだろうと思う。

しかし、そのNの論法の方が、理屈が先行しやすい、生意気盛りの高校1年生たちには

絶対に説得力があったことは確かである。宗教という非科学的なものに比べて、UFOや宇宙人などについての話は、われわれにとっては、〝科学〟であったのだ。その思いは、われわれと同じ世代に属するものはみな、覚えがあると思う。UFOを信じるというポーズは、自分が宗教などという時代遅れのものにわずらわされない、21世紀的な思考法をしているのだという自尊心を満足させてくれるものだったのだ（そのとき教師が言った、宇宙人の存在はまだ科学的に確認されていない、という反論は確かに鋭かったが、われわれは、なに、そんなものはあと数年、少なくとも21世紀になるまでには、常識以前の問題になっているさ、という予想を、疑いもしなかった。あにはからんや、そのようなことも一切なく、21世紀を迎えようとは！）。

昭和40年代に生きる若者にとり、UFOは最先端の、さらにちょっとだけ先を行く、科学的事実だった。少年誌に掲載されていた〝UFO（まだその用語は一般的でなく、〝空飛ぶ円盤〟と呼称されていたが）を信じる人間は知能指数が高い〟というデータも、われわれを心強くさせてくれていた。なにしろ、あのアインシュタイン博士もUFOの存在を信じ、あまつさえその乗組員の宇宙人たちとの接し方を、大統領に進言していた、というのだから（UFOと知能指数の関係性は眉唾だが、アインシュタインの話は本当で、トルーマン大統領に、〝相手はあきらかにわれわれより高度な技術を持っている。攻撃をしてはいけない〟とサジェスチョンをしていたという。ただし、これは〝もし、円盤が宇宙人の乗り物であったら〟という仮定の上での話としてアインシュタインの語ったことらしい)。

爆笑のUFO遭遇エピソード

……ところが、である。高校から東京の大学に進み、神田の古書店などをあさっては、UFOのさまざまな資料を買い込んで読んでみた、その結論は、科学的とか、知能指数が高いとかというイメージとは、ことごとく相反するような事実が、UFO周辺には多すぎる、ということだったのである。ダイレクトに言えば、UFO周辺のエピソードというものの大半は、

「あまりに馬鹿馬鹿しく、常識人が相手をするに足るものではない」

というのが、私の結論だったのである。あのアンドルー・トマスの本の、鎌倉の大仏のエピソードなど、まだ可愛いものに過ぎなかったのである。

まともにとりあうのが馬鹿馬鹿しくなるような話には、例えばこんなものがある。

☆

「1979年11月、フランスのセルギポントワーズに出現した宇宙人は、その土地に住む青年をUFOに誘拐して、すぐ解放、後にまたその青年に接触してきて、青年を通して地球を破局から救いたい旨を述べた。ただ、この宇宙人は、最初に会ったときは男性だったが、後に接触してきたときは女性の姿をしていた」

☆

「1979年1月、イギリスのブルーストンウォークで、自宅の庭にUFOが降りているのを発見した婦人が家に入ると、部屋の中に水玉模様の虹のように輝く羽をはやした、1メートル10センチほどの3体の生物がふわふわと空中を漂っていた。透明なヘルメットをかぶっており、顔色は白かった。目は真っ黒、耳や鼻はなく、口は細い線だった。彼らはクリスマスツリーに特に関心を示し、婦人に〝そのうちまた来ます〟などと話した後、UFOに乗って去っていった」

☆

「1967年9月、ブラジルのミナスジェライス州（また出た！）の街で、フットボール場にUFOが着陸し、中から身長2メートルの、潜水服のような緑色のスーツを着た二人の宇宙人が出現した。発見した学生が逃げようとすると、宇宙人はポルトガル語で〝逃げないで戻ってこい。明日ここにやってくるんだ。さもないとおまえの家族をさらってしまうぞ！〟と命令した。もう一人の宇宙人は武器で学生にねらいをつけていた。やがて二人ともにUFOに引き上げ飛んで行ってしまった」

☆

「1976年、ブラジルのベリロゾンデ市に住む夫婦が、テレパシーである夜、宇宙人に呼びだされた。指示された劇場に行ってみると、直径10メートルぐらいの円盤に乗って、地球人とそっくりな外見で、赤い髭を生やした宇宙人がやってきて、自分は科学者で、環境汚染調査をしていると話した。その夫婦は別の宇宙人ともコンタクトしており、宇宙人は彼らに、土地を買って自分たちのクレルマー星人の食料にするための植物を育てて欲しい、と頼んだ。夫妻は全財産を投じて指定された土地を買い、耕しているという」

☆

「1979年8月、マレーシアのメーキト・メルタジャムという街で、小学校の生徒6人が学校のそばのヤブで遊んでいると、スープ皿程度の大きさの円盤がそばに着陸。中から身長8センチくらいの宇宙人が5人出現し、持っていた銃で生徒の一人を攻撃した。銃から発せられた光線はその生徒の頭に当たったがダメージはなかった。宇宙人の一人は黄色いスーツを着ており、残りは青いスーツを着ていた。彼らは木の枝にアンテナを取りつけていて、子供たちは怖くなり逃げ出した」

☆

「1974年4月、北海道北見市で、農業を営む男性が、頭が人間の3倍ぐらいある宇宙人と遭遇した。彼は富士山の6合目あたりの地熱エネルギー活動が活発なため、エネルギーのストレスを解放するために、カプセルを埋め込んでいるということだった。なお、この男性は、この宇宙人に会う前には身長1メートルのタコ型宇宙人に遭遇し、3回にわたって円盤に連れ込まれている経験の持ち主である」

☆

「1973年12月、ベルギーのヴィルボルデで、早朝、壁で囲った庭で身長90センチぐらいのキラキラしたワンピース型のスーツを着た、緑色に光るヒューマノイドが、ガイガーカウンターか電気掃除機のようなもので庭の隅を掃除しているのを、家の持ち主が発見した。持ち主が懐中電灯を向けると顔をこちらに向けたが、耳が尖っており、大きな黄色い卵形の目をして、Vサインをしてみせた。そのあと、裏庭の壁の方に歩いていき、壁に垂直に歩いて登っていった直後、壁の向こうから小さい丸い物体が飛び去っていった。目撃者は動揺することもなく朝食作りを続けた」

☆

……いかがだろうか？　これらはどれも、ネット上にある「宇宙人図鑑」というサイトからひろった宇宙人遭遇譚であるが、私が当時読んだ宇宙人ばなしも、まず似たりよったりのものだ。どれも聞いただけでアホらしい、と片づけられるような内容のものばかりである。宇宙人が女装をする変態だったり、妖精みたいに飛び回ってクリスマスツリーに興味を示したり（でも、やはりUFOには乗る）、ギャングのように下品な言葉で脅しをかけたり、代価も支払わずに自分たちの食べる野菜を栽培させたり、小学生にケガもさせられないような銃で攻撃してきたり、わざわざ富士山が爆発しないよう処置してくれたり（しかし、なぜ富士山で作業している宇宙人が北海道に現れたのか？）、頼まれもしない掃除をしていたり。一方で、これらユニークすぎる宇宙人を目撃する人たちというのもまたいいタマで、タコ型宇宙人としょっちゅう面会していたり、宇宙人が自分の家の庭に現れても何ら動じることなく、朝食を作ったりしている。宇宙人の頼みだからといって、自分たちの財産を傾けてまで農地を買って、野菜を栽培しているという夫婦に至ってはまことに涙ぐましいというか、将来、このクレルマー星なるところと地球の間に国（星？）交が結ばれたら、その友好をつないだ功労者として、あきらかに表彰ものであろう。

こういう話に接し始めた当初、私は、これらの話を全くの無価値なものとして排除しようとしていた。それは、日本のＵＦＯ研究家としては最も科学的・実証的なアプローチをとっていた高梨純一氏の考えに共鳴していたからでもある。

バカな話は排除した高梨純一

高梨氏は、ＵＦＯを信じる立場にある人でありながら、『世界のＵＦＯ写真集』などの中で、偽造・捏造の多いＵＦＯ写真の世界を非常に嘆いており、また、同じＵＦＯ研究家の大田原治男氏が、

「頭痛がすると思ったら耳から黒いＵＦＯが出てきた」

という〝体験談〟を発表したとき、怒って帰ってしまった、という逸話も持つ人だ。氏は、ＵＦＯ研究に大事なことは、このような、とても真実性のないＵＦＯ・宇宙人目撃談を徹底して排除することであり、偽物、ウソばなしを排除しきった末に残ったものこそが、真実のＵＦＯの存在証拠なのだ、と主張しておられた。そのため、一見すると宇宙人やＵ

FO存在の確実な証拠となる、飛びつきたくなるような目撃例や写真に対しても、その真偽の判定には慎重であり続けた。

高梨氏がそういう姿勢をつらぬくには、自身に痛い経験があった。私の生まれた1958(昭和33)年に話題になった、〝貝塚写真〟という有名なUFO写真偽作事件がある。中学生が自宅2階で撮ったUFOの写真で、これを現像した写真店の店主がマスコミに持ち込み、産経新聞や週刊朝日がこれを報道して大騒ぎになった事件だ。高梨氏は最初、この写真を本物として扱っていたが、京大宇宙物理学教室の藤波重次助教授が翌年の『科学朝日』誌上でこの写真をトリックと切って捨て、本物と主張する高梨氏ら円盤研究家との間で真贋論争が起きる。ところが、騒ぎの大きさに怖くなった撮影者の中学生が、高梨氏の家を訪れ、当の写真は洋服のボタンやオモチャの自動車の車輪を使って撮った偽造写真だった、と告白したのである。

この少年自身に悪意があったわけではなく、軽いいたずら心で作った写真を、写真店の主人が見つけてマスコミに持ち込んだりして、話が大きくなったために、今更ウソだとは言えなくなってしまった、というのが真相だった。このことを新聞紙上で発表した高梨氏の態度は立派なもので、少年をどうか責めないでやってほしい、と読者に懇願し、また、藤波助教授の見識に敬意を表し、どうか科学者の方々にはこれからも、空飛ぶ円盤に対し、科学の徒の立場から意見を述べて欲しい、とお願いするといったものだった。男らしい、立派なものだった。

私もその話を知ったときには大変に感動し、これでなくてはホントウのＵＦＯなどにはいつまでたってもお目にかかれない、と思った。そして、その思想への共鳴として、次から次へと、アホらしいと思えるＵＦＯ目撃談を排除していった。どんなに単調でつらく、また夢のない作業であろうとも、バカな話、とるに足りない話を排除し続けていった先に、真実が待っている、と信じて。

ＵＦＯの真実はラッキョウの皮と同じ？

しかし、それから何年もの間、その作業を繰り返すうちに、ふと、疑念が頭の中に生じていた。後に〝と学会〟で盟友になる、志水一夫氏の名著『ＵＦＯの嘘』（データハウス）を読んだとき、その疑念は明確な形になった。志水氏は、と学会などに籍を置いているせいで誤解されているが、実はＵＦＯ実在論者である。しかし、高梨氏と同じスタンスで、インチキ情報や誤った情報は徹底して排除する、という方針で、当該の著作の中でも容赦なく、これまで真実とみなされていたＵＦＯ事件を切って捨てていた（その中には、私自身〝これは信じられる情報だろう〟と思っていたものも数多くあった）。根気の良い、または私などに比べてはるかにＵＦＯへの愛着の強い、志水氏や高梨氏はいいとして、そこらへんで、私のような軟弱な意志でＵＦＯにかかわっていた者としては、ネをあげざるを得なくなってしまったのである。

私は、こう思わざるを得なかった。私たちは、ひょっとして、ラッキョウの皮を剝いて芯を出そうとしているサルなのではないのだろうか？　と。

サルにラッキョウを与えると、サルは皮を必死で剝いて芯を出そうとし、結局、ラッキョウは無くなってしまって、きょとんと何も無くなった手の中を見つめているという。もちろん俗説だが、よく出来た寓話である。

こうやって、ラッキョウの皮を剝くようにして、バカ情報を取り去ることに一生懸命になっているのは、サルの行為と同じではないのか。ラッキョウの本質は、サルが剝いて捨てている、その皮そのもの、である。ラッキョウを味わうのなら、その皮そのものを味わわねばならない。

考えてみれば、ＵＦＯ情報の中に、本当に〝真実〟が潜んでいるという証明はどこにもないのである。むしろ、ここまで皮（デタラメ）が多いということは、UFO情報というものの本質は、取り捨てられた皮の方にあるのではあるまいか。

私はよく、〝B級評論家〟と呼ばれる。評論する対象を、その分野における最も優れた（一部の識者にのみ評価される）作品ではなく、その優れた作品のエピゴーネンとして、商業主義の中で使い古され、才能のない人間によりコピーされ続けて劣化し、もはや原形も留めなくなったようなものに置き、それらこそが、大衆消費社会において、その社会のフリンジ部分で人々に共有されているイメージなのだ、と考えている。最近流行の、都市伝説研究などに類する取り組み方かもしれない。これまで、コミックや小説、映画作品などにおいて、B級作品を取り上げて、大衆社会へのイメージの浸透と変遷を考えてきた。

この手法を、UFOにも用いるということは許されるのではないか。高梨純一氏がよくUFO写真に対し、

「コントロバーシャル（論争を巻き起こすたぐいのもの）である」

という表現を用いていたが、そんな、コントロバーシャルにすらなり得ない、どう考えてもバカな言説が、UFO界ではあきれるくらいまかり通っている。しかし、考えてみれば、ホークス（でっちあげ）というのは、出来がよいものでなければ世間に流通しない

(さっきのサルのラッキョウの話がまさにそれだ)。多くのUFO、宇宙人にまつわる言説は、常識から考えて、呆れるくらいにバカ、なのである。そんなバカな宇宙人ばなしを、なぜ人は好むのか。そう思ったとき、私には、これまで扱うに値しないと思われていた、前記のトンデモ目撃談が、非常に貴重な証言の山のように思えてきたのである。

レミングの伝説をご存知だろうか。タビネズミとも呼ばれるレミングは、個体数が増えすぎて、食料が維持できなくなったとき、一斉に海に飛び込んで自殺する。そうして、個体数の保存をはかる、という話である。

これも寓話として、さまざまな場所で引用されてきた話だが、実は近年の研究によって、これが全く根拠のない作り話だと判明した。レミングの数の調整は、単にレミングの天敵であるオコジョとの捕食関係(レミングが増殖するとエサが増えることになる天敵のオコジョなども増える。その結果レミングはどんどん捕食されて減少する。すると今度は天敵が飢えて数が減りレミングの数が増加する)で説明がつくらしい。

ウェブサイト「ざつがく・どっと・こむ」を主宰する小橋昭彦氏は、これについてこう書いている。

「そもそもなぜレミング伝説はこうも広まったのだろう。ジェイムズ・サーバーに『レミングとの対話』という掌編がある。終盤、科学者がレミングに問う。『どうしてきみたちはみんなして海に飛び込むんだ』。レミングは答える。『どうして人間はそうしないんだ』。そう、ぼくたちはレミングの都市伝説を聞くとき、無意識にこの反問を聞いている。それは科学的真実より重く、だからこそぼくたちは都市伝説を語り伝えるのだろう。その反問が有効な限り、おそらくはこれからも」（傍点筆者）

UFOの真実は、UFOにはない

科学的真実においては、UFOは存在しない。少なくとも、そのことが次第にあきらかになりつつある。しかし、世の中には（人間の世の中には）科学的真実より重く大事なものがたくさんある。UFOは、いや、死んだ人間の霊も、ネッシーや雪男などといった謎のUMAも、血の涙を流すキリストの像も、それらはみな、この現実世界との軋轢《あつれき》に悲鳴をあげた人々の心が作り上げ、構築していったものなのではないか。

アブダクション・ケース（宇宙人に拉致された人たちの事件）を取り上げて、それらの事件を検証したジョン・リマーは、その結果をまとめた『私は宇宙人にさらわれた！』（三交社）の中で、これまでのUFO関連事件について、

「個人的な見解ではあるが、ETH（地球外生物仮説）の欠陥は致命的である。異論をはさむ余地のない物的証拠が存在しない、という一点だけでも、ETHに疑問を投げかけるに充分であろう。より高度な分析技術が用いられるようになるにしたがい、また、より多くの事件背景に関する情報が集まってくるにしたがい、それまでは証拠として認められていた物的証拠や写真による証拠が、ひとつ、またひとつとくつがえされたのである」

と結論し、しかし、だからこそ、アブダクション・リポートは重要なものである、と、反語のように言う。

「それにはメッセージがある。それは、私たち自身について、また私たちが住んでいるこの世界についてのメッセージなのである。それは、他の方法では自分たちの不安を表現する術を持たない多くの人々――つまり大部分の私たち――から発せられたメッセージなのである。それは、私たちの存在のかくされた部分から、私たちに対し与えられたものであり、心して耳を傾けるべきメッセージなのである」

と。私の考えも、ほぼ、これに近い。UFOの真実は、UFOにはない。そのUFOを目撃し、あるいはアブダクションやインプラント（機械類の埋め込み）をされた、人々の中にあるのである。

ＵＦＯを（否定的に）語る人々には強者が多い。強者とは、自己アイデンティティを自己そのものの中で完結できる人々である。彼らの多くは弱者の心を理解できない。そして、世の中の大半の構成員は弱者である。社会とのアツレキの中で自分というものの存在がどんどん外に流れ出し、消えて行きかけたとき、人は悲鳴をあげる。そして、空をあおいだとき、そこに人はＵＦＯを見る、のである。

第9章

人はUFOを見る動物である

UFO議論は過去のものなのか?

1969年1月8日、コロラド大学のエドワード・U・コンドン博士は、政府から委託されたUFO問題の科学研究チーム(通称〝コンドン委員会〟)の最終報告として、次のような白書を発表した。

「過去21年にわたるUFO研究からは、科学的知識に資するものは何一つ得られていない。これ以上の網羅的なUFO研究は、科学がそれで進歩するという期待からはまったく正当化できないであろう」

これは、それまでのUFO研究活動に、実質上トドメをさす報告だった。この発表を受けて、米空軍は、その年の12月に、1948年のプロジェクト・サイン以来、名称を変更させつつも続けてきた公式なUFO研究機構〝プロジェクト・ブルーブック〟を閉鎖して、これ以降、UFOの正式な調査は行っていない。多くのUFOビリーバーたちは、このコンドン委員会やプロジェクト・ブルーブックの閉鎖自体が、大衆の目をUFOからそらそうとする政府の陰謀だ、と騒いでいるが、その陰謀説も、70年代から80年代にかけてひとわたり代表的な説が出そろうと、下火になってしまった。あとのUFO業界は、90年代になってロズウェル事件の政府情報が公開されたときにちょっと盛り上がったくらいで、いまはもう、わずかな残り火がときおり、ネットサイトのニュース欄をにぎわす程度であり、かつてのようなムーブメントは、すでに過去のものでしかない。ＵＦＯのことを〝20世紀の神話〟と呼んだ人がいたが、まさにＵＦＯブームは、20世紀の終わりと共に、終焉を迎えたのである……と、いうのは事実だろうか。

いや、実はＵＦＯブームが過ぎ去った、と嘆いているのは、アメリカと日本くらいなものである。他の諸国において、ＵＦＯは、実はまだ、根強くその国民心理の中に影響を残し、跳梁しているのである。

ＵＦＯを信じる人が7割もいるイギリス

たとえば、イギリス。

２００５年11月、小売業 ChoicesUK が行ったアンケート調査によると、超常現象を信じる人々の数はイギリス国民全体の68％に及び、これは神の存在を信じる人々の割合（55％）を上回った。さらに、それら超常現象のうち、ＵＦＯの存在を信じる人々は26％で、輪廻転生の19％、ネッシーの存在の４％を大きく上回ったのである。

その前年、2004年には、UFO研究家ニック・ポープ氏が〝イギリス国内で、どこに行けば一番宇宙人に誘拐されやすいか〟という研究発表をして話題になった。これによると、イギリスで最も宇宙人に遭遇、または誘拐されやすい場所はラナークシャー州のボニーブリッジ市、第2位は南部のクレイ・ヒル市なのだそうだ。まだまだ、イギリスからは宇宙人の猛威は去っていない。

宇宙人の死体を回収したブラジル

さらに、例の、ブラジル。

UFO大国であるブラジルではUFO熱は冷めるどころか、1996年以降ますます盛んになってきている。96年の1月20日には、ブラジルのロズウェル事件として騒がれた、宇宙人の死体回収事件が起こっている。ミナスジェライス州（あのアントニオ青年の宇宙人セックス事件のあったところ）の町中の公園で、頭が大きく、目が赤い宇宙人が捕獲され、真っ昼間、消防団員たちによって木箱に詰められ、どこかに運び出されていったという事件だ。そして、そこから少し離れたビル街で、同じ日にやはり同じ宇宙人が見つかり、病院に運びこまれたが翌日には死亡してしまった。死体は病院で15人の医師により解剖されたが、手の指は3本しかなく、皮膚の色は茶色、性器、へそ、乳首などはなかったという。

普通、宇宙人の死体が見つかった、などという事件は軍や政府が隠そうとするのがパターンだが、この事件に関してはもう、大っぴらというか大胆というか、誰も隠そうとせず、何十人もの人間の証言が残っており、情報も公開されている。それでいて、本当らしさがカケラもない、というところが、全くもって実にブラジルらしい。

イギリスは世界でも有名な心霊マニアの国であり、ブラジルは、この本の中でもさんざん言及してきた、奇想天外UFOばなしの総本山である。これらの国のUFOばなし、及びそういう話を好む人々の特徴は何かと言えば、先に挙げたコンドン博士の報告にある、「UFO研究は、科学がそれで進歩するという期待からはまったく正当化できない」というような、功利主義的な態度とは無縁である、ということだろう。

イギリスについては、UFOや宇宙人は、彼の国独特のユーモア感覚の中にネタとして取り込まれている。あの、日本では矢追純一スペシャルで〝ドキュメント〟として放映されたエイプリル・フールの冗談番組『第三の選択』(実際には火星には空気があり、米ソは滅亡の危機に瀕している地球を捨てて、エリートたちの火星移住計画を進めており、さらに火星には生物がいた、という内容）を作ったのはイギリスのアングリアTVだったし、畑にUFOの着陸跡とされる、不可思議な円形模様が現れる〝クロップ・サークル（日本ではミステリー・サークル）現象〟が起こったのもイギリスだった（後にこれらは、大掛かりなジョークであったことが判明している）。

また、先に紹介した「X51．ORG」に、ブラジルのUFO研究家A・J・ゲバード氏の言葉が紹介されていた。

「アメリカ人に比べてブラジル人はUFOの誘拐体験をもっぱら楽しそうに話す」のだそうな。UFOやエイリアンに関する歌がポップチャートをにぎわすこともしばしばであるという。

この両国の、UFOすら自国の文化のうちに取り込み、楽しんでしまおうという姿勢が、実はUFOを受容する、最も正しい姿勢なのではないか、という気持ちが最近、大きく私の心の中に広がっている。この二国とも、政治状況がそう安定している国ではない。ブラジルは貧富の差が激しい国として有名だし、イギリスはアイルランド問題など、政治上難しい問題をいくつも抱えている。ここがポイントなのかもしれない。

ＵＦＯの最重要問題とは

ＵＦＯについて考えるとき、前から頭の片隅に引っかかっていた言葉がある。どうともとれる言葉だから引っかかってしまった、ということもあるだろうし、発言者を個人的に知っていたにもかかわらず、つい、存命中にその言葉の真意について質問するのを忘れてしまった、ということも関係しているのかもしれない。

その発言者とは、在野のＵＦＯ・オカルト（主にシンクロニシティ）研究家であった大田原治男氏である。秋山眞人、志水一夫、山本弘、韮澤潤一郎など豪華なメンバーを集めた超常現象討論会記録『サイキック・バトルロイヤル』（鷹書房弓プレス）の中で、氏は、

「アダムスキーがＵＦＯの最重要問題だ」

と繰り返し主張し、アダムスキーの言説が科学的に矛盾だらけだ、という指摘に対し、

「アダムスキー問題がＵＦＯ問題の根幹をなす重要な視点を、ある程度持たないと、むしろ、アダムスキーが判らないではなくて、ＵＦＯが判らないではないかという事を言いたかったんです」

と、それこそ意味がよくわからない言い訳をしている。座談会での発言なので、それ以上この発言に対しては突っ込んだやりとりがなされていなかったし、そもそも大田原氏と

いう人はいろいろと思い込みの激しい人で、その説明が論理的でないことがまま多かったので、いつもの例か、と、さして誰も疑問にも思わなかったのかもしれない。私自身、その言葉の意味に対し、何か引っかかるものを感じ始めたのは、つい数年前のことである。

それは、しばらくの間UFOから離れていた自分が、ふとしたきっかけで、また、その世界に足を踏み入れようとしたときから、であった。それは、何度か本文中でも触れたが、ある日、昔の少年向けUFO本を読み返していて、以前は（懐疑主義に目覚めた大学生くらいの頃には）足蹴にしていたようなUFO体験談の多くが、面白くてたまらない読物になっていた自分に気がついたからである。それらはカケラも信じられる代物ではなかったけれど、その面白さは、上質のノンフィクションなどを超えて、私に、人間というものの思考や感覚、そして体験の不思議さを見直すきっかけを与えてくれた。

そして、そのとき、頭に浮かんだのが、大田原氏の前述のセリフだったのである。もちろん、アダムスキーが語る体験談を、私は一片たりとも信じてはいない。それはかつても今も同じことだ。しかし、アダムスキーの体験談の持つ、あの、現代のリアリズム（それはどんなB級SFでも一応は追求しているものなのだが）とは、全く異なるところで成立している、奇妙な説得力は、いかにその説くところが荒唐無稽なウソばなしであっても、無下に否定は出来ないのである。大田原氏は、そこを言おうとしていたのではなかったか？

私は、そんな思いで、氏の〝アダムスキーがＵＦＯの最重要問題だ〟という言葉を心の中で反復していた。自分の中でのこの心境の変化には不思議な感覚があったが、１９９８年に刊行されたマイク・ダッシュの『ボーダーランド』（角川春樹事務所）を読み、そこで〝ハイ・ストレンジネス事例〟という概念を知ったとき、やっと納得がいったように感じた。もともと、ＵＦＯというのは、この地上におけるわれわれ人類の思考や常識に相反するものどもの、極めて20世紀的な象徴として出現したものだったはずである。だから、理屈に合わないものであって当たり前、だったのだ。なのに、われわれは、何とか苦労して、それを〝理屈〟でとらえようとしてきた。その行為そのものに、無理があった。いや、その無理な行為そのものが、日本やアメリカにおけるＵＦＯ現象だったと言えるのかもしれない。

なぜUFOを見る人と見ない人がいるのか

これからもなお、歴史が続いていく限り、人間は空に何かを見続け、その何かに乗って

きた者たちと遭遇し続けるだろう。それは、〃科学的にデタラメ〃であり、〃実際に見るわけがないもの〃であるからこそ、

「じゃ、なぜ見えたのか」

を考える価値があるし、研究する価値がある。そこらを視野に入れて初めて、われわれは、ジョン・リマーが言うように、UFO体験というものを、

「それは、私たち自身について、また私たちが住んでいるこの世界についてのメッセージなのである」

と考えることが出来るのではあるまいか。

アダムスキーの言っていることが科学的にどれだけ間違っているか、あの、底部に丸い着陸ギアのある円盤写真がインチキであるかどうか、それを証明することは非常に大事だ。大事であるが、それはUFOを、アダムスキーを理解する第一段階に過ぎない。われわれがしなくてはいけないことは、しかし、そのアダムスキーの体験談が、その後の数多くのUFO体験の原型となった、という事実なのである。われわれ人間が、新たに〃見るべきもの〃を呈示した、ということなのである。それは、アダムスキーが語っている内容が重要なのではなく、こういうジャンク（クズ）な言説が多くの人を惹きつけるというところ

に、ＵＦＯ問題の重要さがあるということである。アダムスキー問題は面白い。しかし、それはジャンクとしての面白さなのである。大田原氏はＵＦＯ問題をジャンクとは考えていなかったろう。しかし、私のこの意見を聞いたら、きっと賛成してくれたのではないか。そう思っている。もっとも、『ボーダーランド』が刊行される1年前の１９９７年に、氏はあの世に旅立ってしまった。

ＵＦＯとは語り継がれるもの

そろそろ結論を出すべき時だろう。

私は、ＵＦＯ（宇宙人遭遇、アブダクション、その他一連の事件全てを含む）の本質は、口承文芸の一形式である、と考えている。

口承文芸とは、文字に書かれることなく、人々の耳と口を通して語り継がれてきた物語のことをさすが、必ずしも文字を介さないわけではない。文字になったものであっても、それが〝誰かの語る話を記録した〟という形で語られ、語り継がれる文芸形式を、口承文芸という。作者の役は多くの場合、名も無き民衆によって担われ、作家性の問題、すなわち誰の創作かということは問題にはならない。つまり、口承文芸の特徴は〝オリジナリティの不在〟、そして〝物語の日常性〟にある。

ＵＦＯ目撃と聞いてわれわれＵＦＯファンのうちのある世代は、テレビのＵＦＯ特番による、あの、一種独特な、目撃者の談話（本書冒頭に記した、タモリの形態模写による談話のスタイル）を思い出すだろう。われわれは、ケネス・アーノルドと共に〝フライング・ソーサー〟を見ていない。彼の〝口から出た言葉〟を通して（それに伝聞者である新聞記者の、いくぶん、いや、かなりの誇張や装飾を加えながら）それを知り、あたかも見たのと同じように〝共同体験〟をしているのである。ＵＦＯの主な目撃者が（タモリが再現したように）ガソリンスタンドの無名のあんちゃんであって、政府要人などでないのも、それは目撃者が特別な人間であっては、その目撃を世間の人が共同体験に出来ないからなのだ。

口承文芸を収集した著名人に、あのグリム兄弟、そして柳田国男がいる。グリム兄弟の、あの残酷で夢幻的な話は、口承という伝統の中では、〝昔、本当にあったこと〟として語られるし、柳田国男の『遠野物語』は、近代への脱皮を遂げたはずの明治の日本に、まだ、幻想と現実の区分がさだかでない一地方が残っていることを示唆して、人々を驚嘆させた。

ＵＦＯは、宇宙からやってきたという、極めて近代的・科学的な衣装をまといながら、その根源にあるイメージは、近代以前の、個の確立以前の共同幻想にさかのぼる。なぜと言えば、ＵＦＯ体験においてそれが〝本当である〟とする証明は（かつて渦巻竜二郎氏が、月刊『ガロ』１９７６年1月号の『特集・空飛ぶ円盤』の中での呉智英氏との討論で主張したように）、〝見た人がたくさんいる〟という、〝共同の体験〟にその根拠を求めるからである。渦巻氏は言う。

「人間はありはしないものは見ないの。円盤が飛んでたから、それを見て記憶も残っているワケだよね」

グリム兄弟や柳田国男が口承文芸を追い求めた理由のひとつは、近代という時代のもつ〝脱呪術化〟に対する反動であった。脱呪術化とは、迷信や伝説をこの現実の世界とは別個のもの、として、そこに区分線を引く考え方であり、行為である。

聖書を読めばわかるように、古代の神と人は対等の場で会話を交わしていた。脳内の思考によって生み出された世界と、現実の世界の間に、境界線が引かれていなかったからである。やがて、物質文明が発達すると共に、世界は物質が支配する〝現実〟と、思考が支配する〝超自然、夢、幻想〟といった世界とに分離された。これらは、時に融合、接触、混淆《こんこう》を続けながらも、近代文明の進歩によりそのつど分割され続けてきた。近代的合理的解釈に従えば、超自然の世界は全て実体のない作り事とされてしまう。しかし、人間は、太初には物質世界と合一していた、思考の中の世界というものを、生きていく上で必要とし、また、時にその境を自ら見失い、混同してしまう。恋愛体験をした人間であればわかるように、日常における社会生活の規範というものは、恋、信仰、強い願望という〝動機〟によって軽々と飛び越えられ、強いイメージの世界の中に入ってしまう。

もう一度、楓月悠元氏の、ハヨピラの完成セレモニーの模様を読んでみよう。

「一九六五年六月二十四日、太陽円盤を象った円形の巨大花壇の前において、厳聖なるセレモニーが開始された。このときである。いまだかつてない、無慮数百機の巨大な母船群、または円盤が次々と出現し、のべ千名をこえる人々によって目撃された」

〝のべ千名をこえる人々によって〟という表現も含め、全ては、楓月氏の脳内では、事実として、これらはあったもの、なのである。これをウソであり、ウソは許されるものではない、とするならば、小林秀雄の、以下の記述もまた、ウソとなる。1946年の夏、小林秀雄は総武線水道橋駅のプラットホームから転落し、奇跡的に一命をとりとめた。自分が助かったことを、小林秀雄は、2ヶ月前に亡くなったばかりの母親が助けてくれたのだ、と〝確信〟する。

「私は、黒い石炭殻の上で、外燈で光つてゐる硝子を見てゐて、母親が助けてくれた事がはつきりした。断つて置くが、ここでも、ありのままを語らうとして、妙な言葉の使ひ方をしてゐるに過ぎない。私は、その時、母親が助けてくれた、と考へたのでもなければ、そんな気がしたのでもない。たゞ、その事がはつきりしたのである」

（「感想」1958年5月）

小林秀雄は決してオカルティズムの信奉者ではなかった。しかし、自分の体験、自分の確信を重んじ、近代合理主義に則った、経験軽視にはくみしない一人だった。

「自分が確かに経験した事は、まさに確かに経験した事だといふ、経験を尊重するしっかりした態度を現したものです。自分の経験した直観が悟性的判断を越えてゐるからと言つて、この経験を軽んずる理由にはならぬといふ態度です」

（『信じることと知ること』後半）

ラテン・アメリカのＵＦＯ遭遇譚、また、それに類似した、ハイ・ストレンジネスな遭遇譚。われわれは、これからのＵＦＯ研究において、それらを、〝物的証拠に乏しい〟として、排除してきた態度を改め、

「なぜ、ここまで不可思議な体験を人はし、かつ、本当のことと信じ込めるのか」

ということを研究していかなくてはならないのではないか。日本において、まっとうとされる、近代合理主義的研究者たちが排除してきたUFOばなしを、今一度、改めて読み直す時期なのではないか。

助手席に乗ってきた宇宙人

1974年9月3日、静岡市在住のトラック運転手福田雄治さんが国道30号線を走っていると、土星のような輪を持った円盤状の物体が前方の岩場に着陸した。福田さんはそれを見ているうちに意識が薄れ、ふと気がつくといつの間にか助手席に長い髪の女性が座っていた。その、助手席の女性の風貌というのがちょっと異様で、角のようなアンテナが突起している頭部は、ふたつの目をのぞいてマスクに覆われていた。その女が突然〝頭が故障して痛むから取り替えてほしい〟と、機械的な声でしゃべった。言われるままに福田さんは女性の胸にある黄色く輝く3個のボタンを順に押して頭を引っ張ると、ガチャンと音がして首が外れた。

「では、代わりにこれを取りつけてください」

見ると、女性は別の頭を手にしていた。

今度も命じられるままにボタンを押して、頭を取りつけるとまたガチャンと音がした。福田さんの記憶はそこで途切れている……。

☆

日本にも、探せば、このような、ウルトラ・ハイストレンジネスな宇宙人遭遇譚が存在するのである。この話を、単なる駄ボラとしてうち捨てるか、その意味するところを考え、興味深い宇宙人の〝正体〟の証拠と考えるか。

私は、後者である。

ＵＦＯが飛んでいるのは、空ではない。空を見上げるわれわれの、脳の内部を飛んでいるのである。はるかな虚空に向かって。

第10章 UFOが見られない時代

麻生太郎に「UFOを見たことがあるか」と尋ねた参議院議員

ときどき、世の中の、自分が立っている基盤のようなもの、〝大丈夫だ、世界は正気だ〟という信念がぐらつくことがある。2005年3月10日、国会でUFOが論議されたときも、まさにそんな感じだった。

質問したのは民主党の山根隆治参議院議員。答えたのは、麻生太郎総務大臣（現・外務大臣）である。このやりとりは、いまでもネット上で読むことができる。

山根隆治君　雲をつかむような話のついでといってはなんですけれども、UFOの問題について少し聞いてみたいと思います。

国会では今までUFOを取り上げられたことがないということのようでありますけれども、未確認の飛行物体ということでございますけれども、大臣はUFOを見たことございますか。

国務大臣（麻生太郎君）　おふくろは見たといってえらい興奮して帰ってきたのがありますけれども、残念ながら私自身は見たことはありません。

山根隆治君　（中略）これ名古屋大学の福井先生の著書の中で引っ張ってきましたけれども、銀河系全体では二千億個の星があって、さらに宇宙全体では二千億個もの星から成る銀河が一千億個以上もある。もう天文学って、正にこれ天文学的な数字の星があるわけでございまして、私は個人的には、これだけの膨大な、頭の中で整理もできないぐらいの数の星がある中で、知的な生物がこの地球上に人間だけだというふうに思うことが私は不自然なように私自身は思っているんです。

そういうことからすると、ＵＦＯが度々もう飛来、世界じゅうに飛来している、しょっちゅうそれはテレビで、先日も私、一週間ほど前テレビでまた見ましたけれども、これについて全く無関心でいるというわけにはいかない。それはやはり政治家として国民の生命、財産というものをどう守るかということもありますし、防衛上の問題もある。

アメリカも、やはり一九四八年から相当期間、実際にやっぱり調査をアメリカの空軍でしてきたというのがこれ明らかになっている話です。その調査結果によると、相当の、何万という事例を検証していったけれども、全部否定し切れるものではない、相当数のものを認めざるを得ない、飛行物体があるということを否定し切れないという報告でした。最初のうちはそれがやはりもうＵＦＯなんだということをかなり積極的にというか、肯定的にとらえて報告をしていましたけれども、後半の部分になってくると一気に否定的な報告になってきて、それ今はもうその組織は解散をいたしているわけでございます。

私は、なぜこういう唐突なお話をさせていただくかということについては、今お話ししましたように、国家や人類のやっぱり防衛上の問題ということで無関心であってはいけないと。これを真摯にやっぱり受け止めて、情報の収集やそれこそ解析やということを国家としても、やはりアメリカもほかのヨーロッパの諸国も行われていると。今はそれを否定する報道が多いわけでありますけれども、事実上アメリカの空軍はそういうのを行ってきたということが明らかでありますけれども、日本は国家として、アメリカからそうした情報を得たり、あるいは意見を交換したりというようなことがあるのかどうか、その辺についてお尋ねをしておきます。

国務大臣（麻生太郎君）　これは防衛庁じゃないかと思いますが、今、山根先生のお話にありましたのは、たしか一番よく言われたのは、人工衛星が、アメリカの人工衛星が昭和四十何年に上がりましたときに、あの衛星の後ろにＵＦＯが三台付いて一緒に回っていたというのが結構あの当時話題になった。私のＵＦＯに関するアメリカの新聞の記事でいくとそれが一番最初の印象なんですけれども、これは結構真剣に考えているんだなと、今からかれこれ四十年前の話で恐縮ですけれども、そう思った記憶がありますけれども。

それにいたしましても、おっしゃるように百五十億年前、百五十億光年かなたに最初の宇宙ができてと言われているんですが、膨大な数の星の中に地球にしかこういった我々みたいなのがおらないということはちょっと幾ら何でも想像力がなさ過ぎるんで、似たようなのが一杯いたっておかしくはないだろうなと私自身もそれはそう思っております。そこが更に進んだ技術を持っていて、何となく時々、この地球にいるのが今後どういう具合なことになっておれたちに危害を与える可能性について向こうがこっちを調査している可能性も、それは否定できないんだと思いますね。

私は、この種の話は多分いろいろ、サイエンスフィクションの世界に限らず、いろいろ考えられるところだとは思いますけれども、今総務省としてこの種のことに関してしかるべき手を打っておるかと言われれば、私どもとして特にＵＦＯに関して調べているということではないのが率直なところです。

これは国防上というのであれば、多分これは防衛庁ということになるんだと思いますけれども、防衛庁で、その種のUFOに関するほど想像力の高いのが防衛庁にいるなんというのは余り聞いたことありませんし、ちょっと守屋の顔からもなかなか想像できないなと思わないでもありませんけれども、いずれにいたしましても、こういった話というのは常にいろんな意味で、ある日突然に来る可能性というのは常に考えておくべき問題だとは存じます。

長い引用だが、あまりに面白い（と、いうか読んで笑った）のでほぼ、そっくりコピーしてみた。何か、UFO史をなぞっているようなやりとりである。山根議員の言う、「今はもうその組織は解散をいたしている」

というのは、本書でも取り上げているコンドン委員会のことであろう。また、麻生大臣の母親と言えば吉田茂の三女で、父の世話役を務めてサンフランシスコでの日米講和条約調印式にまで同行した人だが、そんな人までが空飛ぶ円盤を目撃した（多分、1960年代初期のことと思われる）というのが興味深い。人工衛星とUFOの話は、1965（昭和40）年に打ち上げられたジェミニ4号と7号（ちなみに、人工衛星ではなく有人宇宙船である）が、どちらも船外につきまとう謎の発光体（正体不明なのでまさしくＵＦＯ――未確認飛行物体だ）の写真を撮影したことを指しているのだろう。これを思っても、昭和40年代、まさに麻生大臣の青年時代の日本が、空飛ぶ円盤ブームにいかに沸き立っていたかがわかろうというものだ。

現代の日本にUFOは必要ない？

なぜ、山根議員が２００５年になって急にＵＦＯのことを国会で持ち出したのかわからないが、彼の言う通り、現在の日本はＵＦＯには非常に冷たい。守屋の顔から云々というのは防衛庁（現・防衛省）の守屋武昌事務次官のことである。いかつい、ふくれた顔のおっさんであり、なるほど、確かに宇宙人のことなどに想像力を馳せる余地などはないだろうな、と思わせるご面相である。

もはや、日本にはＵＦＯはいらないのだろうか？

ＵＦＯブームを支えてきたのは、東西の冷戦や高度経済成長のひずみ、変わり行く社会に悲鳴をあげてきた、人々の〝心〟だった。彼らには、逃げる先が欲しかったのである。ＵＦＯが、心の逃げ場として優れていたのは、それがどんなに奇想天外なストーリィであっても、そこに、未知の世界へのあこがれというロマンがあったからだ。

日本におけるUFO映画の傑作のひとつに、東宝の怪獣映画『三大怪獣 地球最大の決戦』がある。1964年、公開された映画である。この映画の冒頭で、〝宇宙協会〟なる団体の人々が、電波で宇宙人と交信しようとしているシーンがある。……どこがモデルかは、もう説明するまでもあるまい。そして、翌65年、まさにジェミニ宇宙船がUFOに追いかけられたその年に公開されたその続編『怪獣大戦争』では、ダークスーツにサングラスをかけた、MIBそっくりの宇宙人（X星人）が現れる。映画のラスト、地球人による音波攻撃に苦しんだ彼らは円盤を自ら爆破して果てるのだが、その時のセリフが、

「われわれは脱出する。まだ見ぬ未来に向かって」

というものだった。未来は、この時代、明るく希望に満ちたものだった。多くのUFO目撃談に共通しているのは、宇宙人たちが、それが善意であれ悪意であれ、地球人よりははるかに優れた科学を持った、未来的スタイルであることだ。まあ、中には、過去の亡霊みたいなナチスの軍人が乗ったUFO、なんて例もあったが、まず、ほとんどのUFOは未来の代名詞だった。宇宙考古学は、はるか昔（古代）と、宇宙人たちの世界（未来）とをひとつにつなぐ、円環の完成作業でもあった。高度経済成長時代、UFOを語ることは、

未来を語ることであった。苦しい現実から、まさに、

「まだ見ぬ未来に向かって脱出」

しようと、みな、空を見上げ、空飛ぶ円盤と、その乗務員である宇宙人のことに思いを馳せた。

現代人がＵＦＯをあまり見ないのは、未来を夢見ることが出来にくくなっているからではないのか。そんな気がする。ＵＦＯという、未来をかいまみせてくれる手段が無くなっている現在、人々は、どうやって、この現実と向き合っているのだろうか。それは、つらい時代なのではないか。

とはいえ、まだＵＦＯは完全に死滅したわけでもない。アイドルグループ「嵐」が司会進行をつとめていたバラエティ番組『Ｇの嵐！』（日本テレビ）を見ていたら、武良信行氏というＵＦＯビリーバーが出て来て、さんざ嵐のメンバーに突っ込まれていた。武良氏はＵＦＯに乗ったり、宇宙人に会ったりもし、その知人には、アントニオ青年並みに、宇宙人とセックスをして子供を作ってしまった人もいるという。番組自体は、かつてのＵＦＯもののような深刻さはなく、笑いに満ちていた。日本人がＵＦＯばなしを、こういう力《チカラ》の抜けた感じで楽しめるようになってきたというのは私的には非常に喜ばしい。

また、夜空にＵＦＯが飛び回る時代が来ればいいな、と、最近の私は念じているのである。

あとがき

「と学会」を創設してから、もう15年になる。この会に参加してよかったな、と思うのは、超常現象に関して無茶苦茶に詳しい人間ばかりなので、自分が一生懸命追いかけなくても、誰かが情報を集め、分析し、自分よりはるかに詳しく解説してくれる、ということである。それ故に、ちょっと変な話だが、私はと学会員になってから、あれだけ好きで集めていたUFO関係の本を、あまり読まなくなっていた。山本弘会長をはじめ、皆神龍太郎氏、志水一夫氏といった、そっち方面の専門家のみなさんがあまりに多いからである。私は私の専門範疇である、トンデモ映画や古書ネタに集中していればよかったのである。昔は、UFOビリーバーの皆さんの会合などに出かけていって、そこで論争などした経験もあったのに。

そんな私が、15年ぶりにUFOのことをまたほじくり返して、大して専門的でもないこんな本を書くのは、最近、トシのせいか、昔を懐かしむことが多くなって、

「そう言えば最近、空飛ぶ円盤の話を聞かないなあ」

と思い、何で子供の頃は、あんなに日本中が円盤円盤と騒いでいたんだろう、と、それを改めて不思議に思ったからである。

科学的なデタラメ、明らかな妄想、人づてに伝わるうちに大きくなってしまったホラ話、そういうUFOばなしに、科学の目でメスを入れ、デバンキング（懐疑的ツッコミを入れる行為のこと）する、という「と学会」的なアプローチからはちょっと外れて、B級物件評論家としての自分の立ち位置から、UFOという〝B級ポップカルチャー〟の歴史を洗い直してみたい、と思ったのであった。取り上げるUFO関連事件が、ロズウェル事件とか、ヒル夫妻事件などという大物でなく、モーリー島事件、ラテン・アメリカ・ケースなど、マイナーなものが多いのは、ひたすら私の好みによる。こういうマイナーで、かつバラエティに富む（富みすぎの気《け》もある）事件を俯瞰していくと、UFOという存在は（どこだかの本が語っているように）決して一様に変化していくパラダイムに乗っているわけではない、ということがおわかりになるだろうと思う。

最初にこの本の執筆を幻冬舎新書に約束したのは、2006年の夏のことだったが、雑事の忙しさにかまけて、いつの間にか、半年以上も執筆予定を引き延ばしてしまった。その間に、例えば本書の中核をなすＣＢＡ事件のことを取り上げた章を含む『オカルトの帝国』（一柳廣孝編・青弓社）などが発行されて、ちょっとあせったりもしたが、それほど新資料などが出てきてはいないことがわかってホッとしたりもした。本はやはり、早めに書かないといけません。担当の山田京子さんには大いなる迷惑をおかけした。伏してお詫び申し上げる次第であります。

二〇〇七年五月

唐沢俊一

著者略歴

唐沢俊一《からさわしゅんいち》

一九五八年、北海道生まれ。作家・B級評論家。
「と学会」中心メンバー。学術誌からあやしげなオカルト本までを
読み込むその膨大な知識で、広範囲にわたり
執筆活動を続ける。テレビやラジオ出演も多い。
著書『史上最強のムダ知識』(廣済堂出版)、
『猟奇の社怪史』(ミリオン出版)、『奇人怪人偏愛記』(楽工社)、
『社会派くんがゆく!』(村崎百郎氏との共著、アスペクト)、
『ダメな人のための名言集』『裏モノの神様』
(以上、幻冬舎文庫)等多数。

幻冬舎新書 036

新・UFO入門

日本人は、なぜUFOを見なくなったのか

二〇〇七年五月三十日　第一刷発行
二〇〇七年十月　十　日　第二刷発行

著者　唐沢俊一

発行者　見城　徹

発行所　株式会社　幻冬舎

〒一五一-〇〇五一　東京都渋谷区千駄ヶ谷四-九-七
電話　〇三-五四一一-六二一一(編集)
〇三-五四一一-六二二二(営業)
振替　〇〇一二〇-八-七六七六四三

ブックデザイン　鈴木成一デザイン室

印刷・製本所　株式会社　光邦

GENTOSHA

検印廃止

万一、落丁乱丁のある場合は送料小社負担でお取替致します。小社宛にお送り下さい。本書の一部あるいは全部を無断で複写複製することは、法律で認められた場合を除き、著作権の侵害となります。定価はカバーに表示してあります。

©SHUNICHI KARASAWA, GENTOSHA 2007
Printed in Japan　ISBN978-4-344-98035-8 C0295
か-3-1

幻冬舎ホームページアドレス http://www.gentosha.co.jp/
*この本に関するご意見・ご感想をメールでお寄せいただく場合は、comment@gentosha.co.jpまで。

幻冬舎新書

吉田武
はやぶさ
不死身の探査機と宇宙研の物語

世界88万人の夢を乗せ、「はやぶさ」は太陽系誕生の鍵を握る小惑星イトカワへと旅立った。果たして史上初のミッションは達成されるのか？ 宇宙研の男達の挑戦、感動の科学ノンフィクション。

浅羽通明
右翼と左翼

右翼も左翼もない時代。だが、依然「右―左」のレッテルは貼られる。右とは何か？ 左とは？ その定義、世界史的誕生から日本の「右―左」の特殊性、現代の問題点までを解明した画期的な一冊。

香山リカ
スピリチュアルにハマる人、ハマらない人

いま「魂」「守護霊」「前世」の話題が明るく普通に語られるのはなぜか？ 死生観の混乱、内向き志向などとも通底する、スピリチュアル・ブームの深層にひそむ日本人のメンタリティの変化を読む。

小山薫堂
考えないヒント
アイデアはこうして生まれる

「考えている」かぎり、何も、ひらめかない――スランプ知らず、ストレス知らずで「アイデア」を仕事にしてきたクリエイターが、20年のキャリアをとおして確信した逆転の発想法を大公開。

幻冬舎新書

橘玲
マネーロンダリング入門
国際金融詐欺からテロ資金まで

マネーロンダリングとは、裏金やテロ資金を複数の金融機関を使って隠匿する行為をいう。カシオ詐欺事件、五菱会事件、ライブドア事件などの具体例を挙げ、初心者にマネロンの現場が体験できるように案内。

手嶋龍一　佐藤優
インテリジェンス　武器なき戦争

経済大国日本は、インテリジェンス大国たる素質を秘めている。日本版NSC・国家安全保障会議の設立より、まず人材育成を目指せ…等、情報大国ニッポンの誕生に向けたインテリジェンス案内書。

三浦佑之
金印偽造事件
「漢委奴國王」のまぼろし

超一級の国宝である金印「漢委奴國王」は江戸時代の半ばに偽造された真っ赤な偽物である。亀井南冥を中心に、本居宣長、上田秋成など多くの歴史上の文化人の動向を検証し、スリリングに謎を解き明かす!

和田秀樹
バカとは何か

他人にバカ呼ばわりされることを極度に恐れる著者による、バカの治療法。最近、目につく周囲のバカを、精神医学、心理学、認知科学から診断し、処方箋を教示。脳の格差社会化を食い止めろ!

幻冬舎新書

中川右介
カラヤンとフルトヴェングラー

クラシック界の頂点、ベルリン・フィル首席指揮者の座に君臨するフルトヴェングラー。彼の前に奇才の指揮者カラヤンが現れたとき、熾烈な権力闘争が始まった！男たちの野望、嫉妬が蠢く衝撃の史実。

本橋信宏
心を開かせる技術
AV女優から元赤軍派議長まで

人見知りで口べたでも大丈夫！　難攻不落の相手の口説き方、論争の仕方、秘密の聞き出し方など、大物、悪党、強面、800人以上のAV女優を取材した座談の名手が明かす究極のインタビュー術!!

斎藤信哉
ピアノはなぜ黒いのか

欧米では木目仕上げが主流のピアノ。なのになぜ日本では「ピアノといえば黒」なのか？　日本人とピアノの不思議な関係をひもときながら、調律マン、セールスマンだからこそ伝えられるピアノの魅力を語る。

柳谷晃
時そばの客は理系だった
落語で学ぶ数学

落語の噺には、数学や科学のネタが満載されている！数学のわかる落語家・三遊亭金八と林家久蔵のネタで、笑っている間に身につく数学の知恵26席の、はじまり、はじまり〜!!